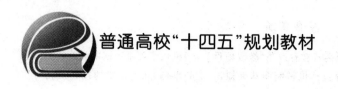

普通高校"十四五"规划教材

工程图学基础

刘静华　赵　罡　马弘昊　主编

北京航空航天大学出版社

内 容 简 介

本书根据教育部提出的"面向二十一世纪高等教育改革"教改项目——"机械基础系列课的教改研究与实践"课题的改革成果编写而成。本书主要内容包括机械制图基础知识、空间形体、几何元素的投影及相对位置、平面立体、基本旋转体、轴测投影、计算机 SolidWorks 建模基础等。

本书可作为高等工科院校非机械类专业本科学生的技术基础课教材,也可作为工程技术人员的参考用书。

图书在版编目(CIP)数据

工程图学基础 / 刘静华,赵罡,马弘昊主编. -- 北京 : 北京航空航天大学出版社,2020.8

ISBN 978 - 7 - 5124 - 3329 - 8

Ⅰ. ①工… Ⅱ. ①刘… ②赵… ③马… Ⅲ. ①工程制图—高等学校—教材 Ⅳ. ①TB23

中国版本图书馆 CIP 数据核字(2020)第 147507 号

工程图学基础

刘静华 赵 罡 马弘昊 主编

责任编辑 蔡 喆

*

北京航空航天大学出版社出版发行

北京市海淀区学院路 37 号(邮编 100191) http://www.buaapress.com.cn

发行部电话:(010)82317024 传真:(010)82328026

读者信箱:goodtextbook@126.com 邮购电话:(010)82316936

三河市华骏印务包装有限公司印装 各地书店经销

*

开本:787×1 092 1/16 印张:10.5 字数:269 千字

2020 年 9 月第 1 版 2020 年 9 月第 1 次印刷 印数:2 000 册

ISBN 978 - 7 - 5124 - 3329 - 8 定价:29.00 元

前　言

　　20 世纪 90 年代以来,围绕高等工程教育如何进行改革,国内外展开了一系列讨论。1996年,教育部提出了"面向二十一世纪高等教育改革"教改项目,开始了全国范围内的教改大行动。我们有幸参加了"机械基础系列课的教改研究与实践"课题的研究,针对"画法几何""机械制图""机械原理""机械设计"等课程进行改革。经过多年的实践与探索,取得了一系列成果。本系列课程荣获国家教学成果二等奖和北京市教学成果一等奖,"画法几何"和"机械制图"课程于 2006 年获评北京市精品课程和国家级精品课程,并于 2016 年成为首批国家级资源共享课(课程网址:http://www.icourses.cn/sCourse/course_3287.html),相关教材已被评为北京高等教育精品教材。

　　2018 年召开的全国教育大会对高等教育提出了新的要求,为了培养出适应新时代需求的应用型、创新型人才,我们对"画法几何"和"机械制图"课程进行了优化和改革,形成了适用于高等学校非机械类专业学生的"工程图学基础"课程。课程内容以图学教学基本要求为基础,坚持知识、能力、素质有机融合,培养学生的综合能力和图形思维;开展研究性教学,将学术研究、科技发展前沿成果引入课程,利用现代化技术实现教学互动,引导学生进行研究性与个性化学习;设置研究性课题与综合创新设计教学,培养学生工程实践及创新设计的能力。

　　为配合课程改革,我们对原有教材进行了修订,并对章节安排进行优化,分上、下两篇。上篇为基础篇,共 6 章,主要内容包括机械制图基础知识、空间形体、几何元素的投影及相对位置、平面立体、基本旋转体、轴测投影等;下篇为实训篇,分为 10 个实训章节,主要内容包括SolidWorks 简介、平面草图绘制、平面立体三维建模、曲面立体三维建模、组合体三维建模、简单零件的工程图、创新设计等内容。课程讲授总学时为 32 学时。

　　本书由刘静华、赵罡、马弘昊主编。参加基础篇编写工作的还有潘柏楷、王运巧、杨光、马金盛、王玉慧、肖立峰、宋志敏、汤志东,参加绘图工作的有浦立、唐科、王凤彬、王增强和李瀛博,参加实训篇编写工作的还有陈俊宇、贾树杰、孙兆宁、王涵斌、杨修平、郑琛。

　　由于编者水平有限,书中不妥之处,恳请广大读者批评指正。

编　者

2020 年 5 月

目　　录

基础篇

实训篇

基础篇

第1章　机械制图基础知识

1.1　制图基础知识

1.1.1　机械制图国家标准

作为指导生产的技术文件,工程图样必须具有统一的标准。我国于 1959 年首次颁布机械制图国家标准,以后又经过多次修改。改革开放以来,由于国际间技术及经济交流日益增多,新国家标准吸取了相关国际标准的成果,其内容更加科学合理。每一个工程技术人员在绘制生产图样时都应严格遵守国家标准。

1. 图纸幅面和格式

国家标准规定了绘制工程图样的基本幅面和加长幅面。绘图时应优先选用基本幅面,必要时可选择加长幅面。基本幅面以 A 表示,如 A0,A1,…,A4,其尺寸如表 1-1 所列,其中 A1 幅面尺寸 594×841(宽×长)应给予特别关注,因为丁字尺与绘图桌都与其有关。此外,A1 的一半是 A2,A2 的一半是 A3,以此类推。

表 1-1　基本幅面　　　　mm

图纸幅面	$B \times L$	a	c	e
A0	841×1 189			5
A1	594×841		10	
A2	420×594	25		
A3	297×420		5	10
A4	210×297			

每个图幅内部都要画一图框,并用粗线表示,在图框右下角还要画一标题栏,如图 1-1 所

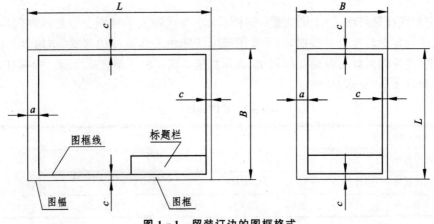

图 1-1　留装订边的图框格式

示。图纸可横放或竖放,留装订边的图纸格式如图 1-1 所示,不留装订边的图纸格式如图 1-2 所示。标题栏的内容格式和尺寸在国标中未作统一规定,图 1-3 所示的标题栏格式可供教学时参考。

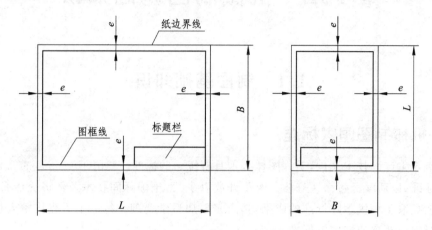

图 1-2 不留装订边的图框格式

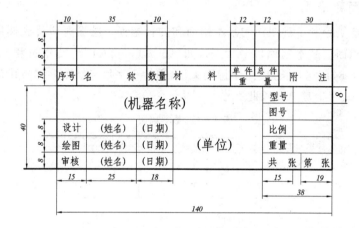

图 1-3 教学参考用标题栏

2. 比 例

绘制工程图样最好按 1:1 的比例,即图样大小与实物大小相同。但是机件的形状、大小各不相同,结构复杂程度也有差别,为了在图纸上清晰地表达机件的形状、结构以及标注尺寸和技术要求,并使图纸幅面得到合理利用,就须根据不同情况选用合适比例。国标规定的比例如表 1-2 和表 1-3 所列。

表 1-2 绘图比例(一)

种 类	比 例					
原值比例	1:1					
放大比例	2:1	5:1	10:1	$2 \times 10^n : 1$	$5 \times 10^n : 1$	$1 \times 10^n : 1$
缩小比例	1:2	1:5	1:10	$1 : 2 \times 10^n$	$1 : 5 \times 10^n$	$1 : 1 \times 10^n$

表 1 - 3　绘图比例(二)

种　类	比　例			
原值比例	1 : 1			
放大比例	$4 : 1$　　$2.5 : 1$　　$4 \times 10^n : 1$　　$2.5 \times 10^n : 1$			
缩小比例	$1 : 1.5$	$1 : 2.5$	$1 : 3$	$1 : 4$　　　$1 : 6$
	$1 : 1.5 \times 10^n$	$1 : 2.5 \times 10^n$	$1 : 3 \times 10^n$	$1 : 4 \times 10^n$　　$1 : 6 \times 10^n$

注:n 为正整数,优先选用表 1 - 2。

3. 字　体

图样中除了图形之外还有尺寸及文字说明,因此书写符合标准的字体是十分重要的,GB/T 14691—1993 中规定了工程图中汉字、字母和数字的结构形式及基本尺寸。

① 书写要求:字体工整、笔画清楚、间隔均匀及排列整齐。

② 字高(用 h 表示):字体高度的公称尺寸系列为 1.8 mm,2.5 mm,3.5 mm,5 mm,7 mm,10 mm,14 mm,20 mm,字体高度即代表字体的号数。例如 5 号字的字体高度为 5 mm。

③ 汉字:工程图样中的汉字应写成长仿宋体。

④ 长仿宋体的特点:横平竖直,字体细长,起落笔有锋。汉字的高度不应小于 3.5 mm,字体的宽度一般为 $h/\sqrt{2}$。示例如下:

10 号字

字体工整 笔画清楚 间隔均匀 排列整齐

7 号字

横平竖直注意起落结构均匀填满方格

⑤ 字母和数字:字母和数字的书写有直体和斜体两种形式。斜体字的字头向右倾斜,并与水平基准线成 75°,通常数字书写时采用斜体。示例如下:

拉丁字母

大写直体

ABCDEFGHIJKLMNOP

QRSTUVWXYZ

小写直体

abcdefghijklmnopq

rstuvwxyz

大写斜体

ABCDEFGHIJKLMNOP

QRSTUVWXYZ

小写斜体

abcdefghijklmnopq

rstuvwxyz

数　字

0123456789　　0123456789

罗马字母

IIIIIIIVVVVIVIIVIIIIXX　IIIIIIIVVVVIVIIVIIIIXX

4. 线　型

工程图样是由各种线条组成的,图线按其用途有不同的宽度和形式。各种图线的名称、形式、宽度及一般应用如表1-4所列。图线宽度和图线组别见表1-5,在机械图样中采用粗细两种线宽,它们之间的比例为2:1。

表 1-4　线型及应用

代　码	线　型	一般应用
01.1	细实线	.1 过渡线
		.2 尺寸线
		.3 尺寸界线
		.4 指引线和基准线
		.5 剖面线
		.6 重合断面的轮廓线
		.7 短中心线
		.8 螺纹牙底线
		.9 尺寸线的起止线
		.10 表示平面的对角线

续表 1-4

代　码	线　　型	一般应用
01.1	细实线	.11 零件成形前的弯折线
		.12 范围线及分界线
		.13 重复要素表示线,例如:齿轮的齿根线
		.14 锥形结构的基面位置线
		.15 叠片结构位置线,例如:变压器叠钢片
		.16 辅助线
		.17 不连续同一表面连线
		.18 成规律分布的相同要素连线
		.19 投影线
		.20 网格线
	波浪线	.21 断裂处边界线;视图与剖视图的分界线[a]
	双折线	.22 断裂处边界线;视图与剖视图的分界线[a]
01.2	粗实线	.1 可见棱边线
		.2 可见轮廓线
		.3 相贯线
		.4 螺纹牙顶线
		.5 螺纹长度终止线
		.6 齿顶圆(线)
		.7 表格图、流程图中的主要表示线
		.8 系统结构线(金属结构工程)
		.9 模样分型线
		.10 剖切符号用线
02.1	细虚线	.1 不可见棱边线
		.2 不可见轮廓线
02.2	粗虚线	.1 允许表面处理的表示线
04.1	细点画线	.1 轴线
		.2 对称中心线
		.3 分度圆(线)
		.4 孔系分布的中心线
		.5 剖切线
04.2	粗点画线	.1 限定范围表示线

续表 1-4

代　码	线　型	一般应用
05.1	细双点画线	.1 相邻辅助零件的轮廓线
		.2 可动零件的极限位置的轮廓线
		.3 重心线
		.4 成形前轮廓线
		.5 剖切面前的结构轮廓线
		.6 轨迹线
		.7 毛坯图中制成品的轮廓线
		.8 特定区域线
		.9 延伸公差带表示线
		.10 工艺用结构的轮廓线
		.11 中断线
a 在一张图样上一般采用一种线型,即采用波浪线或双折线。		

表 1-5　图线宽度和图线组别

单位:mm

线型组别	与线型代码对应的线型宽度	
	01.2;02.2;04.2	01.1;02.1;04.1;05.1
0.25	0.25	0.13
0.35	0.35	0.18
0.5[a]	0.5	0.25
0.7[a]	0.7	0.35
1	1	0.5
1.4	1.4	0.7
2	2	1
a 优先采用的图线组别		

1.1.2　手工绘图基础

正确使用绘图工具可以提高绘图效率和精度,在绘图之前应首先了解绘图工具的使用。常用的绘图工具有:铅笔、丁字尺、三角板、圆规、分规和曲线板等。

1. 铅　笔

在手工绘图之前应先将铅笔削好,加深粗实线的铅笔要用砂纸磨削成所需厚度的矩形,其余则为圆锥形,如图 1-4 所示。

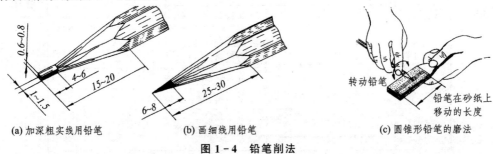

(a) 加深粗实线用铅笔　　　　(b) 画细线用铅笔　　　　(c) 圆锥形铅笔的磨法

图 1-4　铅笔削法

2. 丁字尺及图板

图板和丁字尺配合在一起使用,如图 1-5 所示。丁字尺由尺头和尺身组成。使用时,尺头沿图板上下移动,铅笔沿尺身移动可画水平线,如图 1-6 所示。

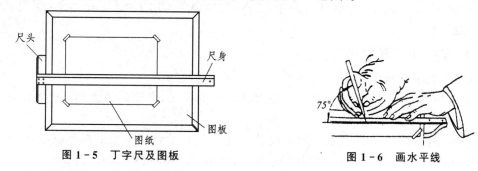

图 1-5　丁字尺及图板　　　　　　　　图 1-6　画水平线

3. 三角板

三角板分为 45°及 30°/60°两种,可通过三角板在丁字尺上平移来画垂直线或 45°和 60°线,如图 1-7(a)所示;三角板和丁字尺配合使用还可画 15°倍角的斜线,如图 1-7(b)所示;两个三角板配合可画任意平行线,如图 1-7(c)所示。

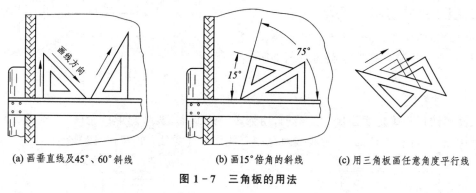

(a) 画垂直线及 45°、60°斜线　　　　(b) 画 15°倍角的斜线　　　(c) 用三角板画任意角度平行线

图 1-7　三角板的用法

4. 圆　规

圆规可用于画圆及圆弧(见图 1-8)。加粗用的铅芯和画细线圆用的铅芯应在砂纸上分别磨削成如图 1-9 所示的铲形和矩形。

5. 分　规

分规可用于量取或等分线段,如图 1-10 所示。

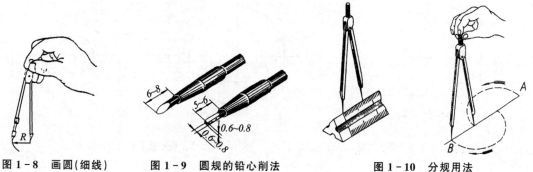

图 1-8　画圆(细线)　　图 1-9　圆规的铅心削法　　图 1-10　分规用法

1.1.3 尺寸注法

图样中的视图,主要用以表达机件的形状;而机件的真实大小,则由所标注的尺寸来确定。尺寸标注是绘制工程图样的一个重要环节,因此,国家标准 GB/T 4458.4—2003 规定了标注尺寸的方法。

1. 标注尺寸的基本规定

标注尺寸的基本规定如下:

① 机件的真实大小应以图样上所注的尺寸数值为依据,与图形的大小及绘图的准确性无关。

② 图样中的尺寸以 mm(毫米)为单位时,不必标注尺寸计量单位的名称或代号,如果采用其他单位,则必须注明相应单位的代号或名称,例如:10 cm(厘米),5 in(英寸),60°等。

③ 图样中的尺寸应为该机件的最后完工尺寸,否则应另加说明。

④ 机件的每一个尺寸,一般只标注一次,并应标注在反映该结构最清晰的图形上。

2. 组成尺寸的四个要素

一个完整的尺寸,一般应包含尺寸线、尺寸界线、尺寸数字和箭头这四个要素,如图 1-11 所示。

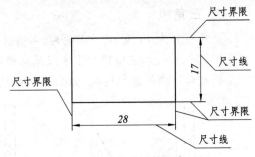

图 1-11 组成尺寸的要素

(1) 尺寸界线

尺寸界线用来确定所注尺寸的范围,用细实线绘制,一般从图形的轮廓线、轴线或对称中心线处引出;也可利用轮廓线、轴线或对称中心线作尺寸界线,如图 1-12 所示。

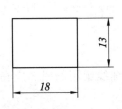

(a) 尺寸界线用细线表示由轮廓线引出

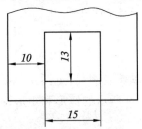

(b) 尺寸界线可以用轮廓线代替

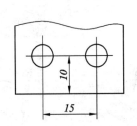

(c) 尺寸界线可以用点画线代替

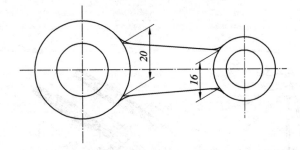

(d) 尺寸界线可以不与尺寸线垂直

图 1-12 尺寸界线画法

尺寸界线的末端应超出箭头 2 mm 左右,一般应与尺寸线垂直,必要时也允许倾斜,如图 1－12(d)所示。

(2) 尺寸线

尺寸线用细实线绘制,一般应与图形中标注该尺寸的线段平行,并与该尺寸的尺寸界线垂直。

尺寸线的终端多采用箭头的形式,箭头应指到尺寸界线,如图 1－12 所示。

尺寸线不能用其他图线代替,一般也不能与其他图线重合或画在其延长线上,尺寸线之间或尺寸线与尺寸界线之间应避免交叉,如图 1－13 所示。

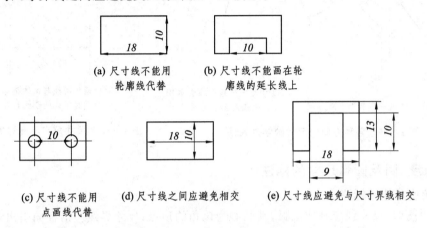

(a) 尺寸线不能用 　　　 (b) 尺寸线不能画在轮
　　轮廓线代替 　　　　　　　廓线的延长线上

(c) 尺寸线不能用 　 (d) 尺寸线之间应避免相交 　 (e) 尺寸线应避免与尺寸界线相交
　　点画线代替

图 1－13　尺寸线的几种错误画法

尺寸线的终端有两种形式:箭头和斜线如图 1－14(a)和图 1－14(b)所示,斜线用细实线绘制,且必须以尺寸线为准,逆时针方向旋转 45°。当尺寸线的终端采用斜线形式时,尺寸线与尺寸界线必须相互垂直如图 1－14(c)所示。同一张图样中只能采用一种尺寸线终端的形式。

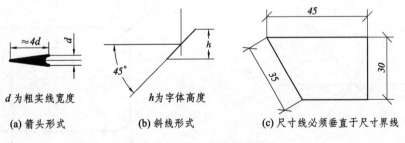

d 为粗实线宽度 　　　　 h 为字体高度

(a) 箭头形式 　　　　 (b) 斜线形式 　　　 (c) 尺寸线必须垂直于尺寸界线

图 1－14　尺寸线的终端形式

(3) 尺寸数字

尺寸数字书写时一般用 3.5 号斜体,并以 mm(毫米)为单位,在图样中不须标注其计量单位的名称或代号。

线性尺寸的数字一般应注写在尺寸线的上方,也允许注写在尺寸线的中间断开处。水平方向的尺寸,尺寸数字应水平书写,垂直方向的尺寸数字一律朝左书写,如图 1－14(c)所示。倾斜方向的尺寸,其尺寸数字的方向应按图 1－15(a)所示的方向标注,并尽可能避免在图示的 30°范围内标注尺寸,当无法避免时,可按图 1－15(b)所示的形式引出标注。

尺寸数字不可被任何图线穿过,否则应将该图线断开,如图 1-16 所示。

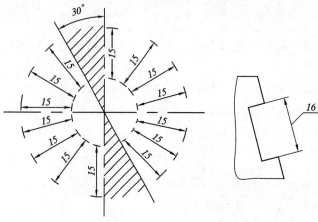

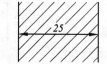

(a) 尺寸数字的书写方向

(b) 允许用指引线表示30° 范围内禁区的尺寸

图 1-15　各种方向的尺寸数字注写法

应避免图线与字体相交,应 将通过字体的图线断开

图 1-16　尺寸数字不允许被图线穿过

3. 角度、圆及圆弧尺寸的标注

(1) 角度尺寸的标注

标注角度时,尺寸线应画成圆弧,其圆心为该角的顶点;尺寸界线应沿径向引出,角度的数字一律写成水平方向,一般注写在尺寸线的中断处。必要时也可注写在尺寸线上方或外面或引出标注,如图 1-17 所示。

(2) 圆、圆弧及球的尺寸标注

对于圆及大于 180° 的圆弧应标注直径,并在尺寸数字前加注符号"ϕ";对于小于或等于 180° 的圆弧应标注半径,并在尺寸数字前加注符号"R",如图 1-18 所示。

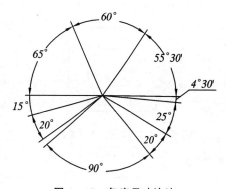

图 1-17　角度尺寸注法

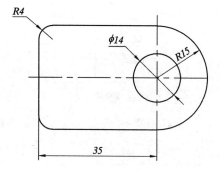

图 1-18　圆及圆弧尺寸注法

当圆弧半径过大或在图纸范围内无法标出圆心位置时,半径尺寸可按图 1-19 的形式标出。

标注球的直径或半径时,应在符号"R"或"ϕ"前再加符号"S",如图 1-19(b)和图 1-20 所示。

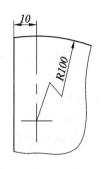
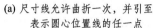

(a) 尺寸线允许曲折一次, 并引至
表示圆心位置线的任一点

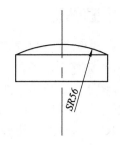

(b) 尺寸线对应圆心方向, 不画到圆心

图 1-19　大半径圆弧尺寸注法

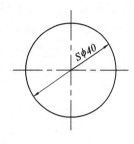

图 1-20　球的尺寸注法

4. 狭小部位尺寸的标注

小的部位的直线尺寸箭头应朝里画, 尺寸数字可写在里面、外面, 甚至用指引线引出标注, 如图 1-21(a)所示。多个小尺寸连在一起, 无法画出所有箭头时, 尺寸线的终端允许用斜线或圆点代替箭头, 如图 1-21(a)所示。对小的圆或圆弧允许用图 1-21(b)所示的各种方式标注。

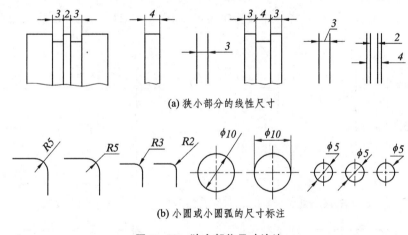

(a) 狭小部分的线性尺寸

(b) 小圆或小圆弧的尺寸标注

图 1-21　狭小部位尺寸注法

1.2　平面图形的构形与尺寸标注

由于零件设计上的要求, 零件的某些凸缘、安装板、剖面形状和板类零件的外形, 具有平面图形的特征, 因此, 根据构形和几何确定来标注平面图形的尺寸, 就成为零件图尺寸的一个基本组成部分。

所谓平面图形特征是指在大多数情况下, 平面图形是规则的几何图形。它一般是由圆弧和直线光滑连接而成的。因此, 在标注这类图形尺寸时, 首先应从它的构形特点出发, 标出一些最基本尺寸, 然后再从几何条件出发, 注出其全部尺寸。

1.2.1 由内部结构决定的平面图形

零件上的某些凸缘,其内部常有一些均匀或规则排列的孔,它的外形大致也是由这些孔决定的,因此在标注这类图形的尺寸时,首先标注出各孔的大小和位置尺寸,然后再标注出各孔外圆弧的尺寸,整个图形就确定了,如图1-22所示。图1-23虽是个剖视图形,但从图中可以明显看出,它也是个由内定外构形的图形,其内部是个空腔,外部形状也就依照空腔而定。对于这类图形,无论是画图还是标注尺寸,都应按照构形特点去作才会得到较好的效果。

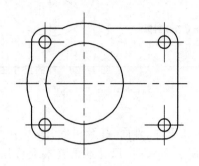

图1-22 内定外构形(一)

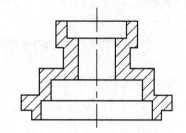

图1-23 内定外构形(二)

图1-22的图形画法如图1-24所示,即先画内部五个孔,如图1-24(a)所示;再画孔外圆弧,如图1-24(b)所示;然后将各外圆弧相连接,如图1-24(c)所示;最后擦去多余的线并加深,如图1-24(d)所示。

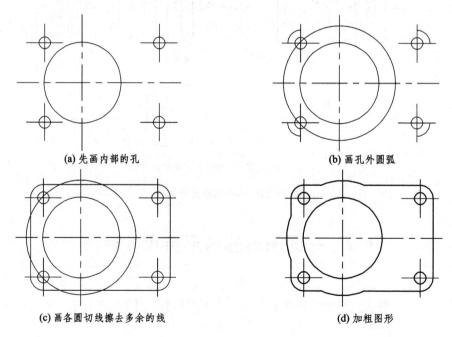

(a) 先画内部的孔

(b) 画孔外圆弧

(c) 画各圆切线擦去多余的线

(d) 加粗图形

图1-24 平面图形构形分析

图1-25是其标注尺寸过程。首先标出内部尺寸,即标注ϕ29和$4\times\phi$8定形尺寸,再标注4孔的定位尺寸50和75,由于图形上下对称,所以50即上下位置各25,左右不对称,必须再

加上定位尺寸 25,才能确定其位置,如图 1-25(a)所示;其次要标注各圆的外圆弧尺寸 ϕ72 和 R8,如图 1-25(b)所示,由于图形周围为矩形,所以还要标注矩形的长和宽,即 91 和 66,但左右不对称,所以还要标注偏心距 33,如图 1-25(c)所示;最后将所有尺寸安排清晰妥当,如图 1-25(d)所示。

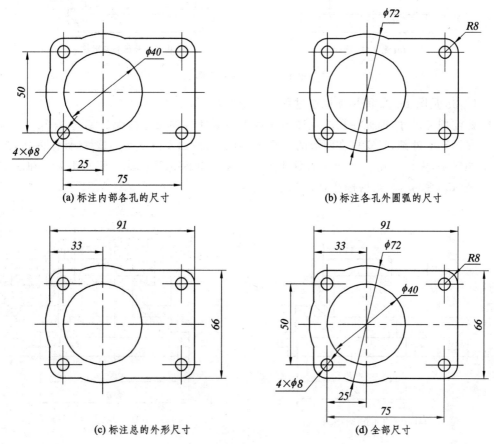

(a) 标注内部各孔的尺寸 　　　　　　　　　　(b) 标注各孔外圆弧的尺寸

(c) 标注总的外形尺寸 　　　　　　　　　　　(d) 全部尺寸

图 1-25　按构形分析标注尺寸

图 1-26 是两个简单的内定外构形的例子,要着重指出的是图形两端都是圆的。在这种情况下,不应标注总长尺寸,否则将是错误注法。

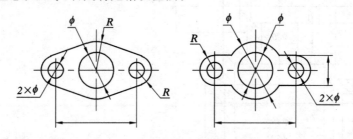

图 1-26　按内定外构形标注尺寸

图 1-27 是图 1-23 的画图过程。先画内部形状如图 1-27(a)所示,再由内定外画出外部形状如图 1-27(b)所示。这样画图又快又好,最后画出剖面线。

注意:剖面线必须是 45°倾斜线,线与线的间距约为 2~4 mm。

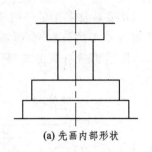

(a) 先画内部形状

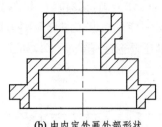

(b) 由内定外画外部形状

图 1－27　内定外构形

图 1－28 是图 1－23 的尺寸标注过程。其步骤如下：

● 标注内部尺寸，即标注孔的直径与深度。为了使标注尺寸清晰可见，孔深尺寸一般标在图形的外部，且安排在图形的一侧，如图 1－28(a) 左侧所示。这样，标注内孔尺寸的顺序是，先标注孔 $\phi20$，然后标注上面的孔 $\phi32$ 和深 9，再标注下面的孔 $\phi48$ 和深 21 以及 $\phi58$ 和深 10，最后标注总高 52。

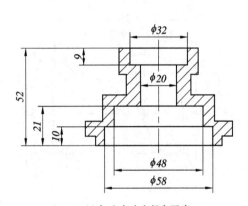

(a) 标注内孔直径和深度

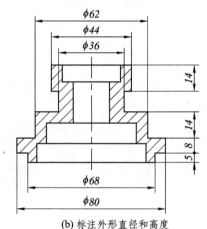

(b) 标注外形直径和高度

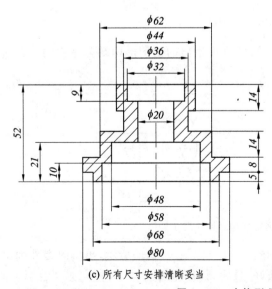

(c) 所有尺寸安排清晰妥当

图 1－28　由构形分析标注尺寸

- 标注外部尺寸,即标注各外部圆柱直径和高度。为了清晰起见,各直径应尽可能标在图形外面,且尺寸应由小到大排列,间距应保持在 7～10 之间,且各圆柱高度应安排在图形的另一侧,如图 1-28 (b)所示。这样,标注的顺序是 $\phi68$ 和 5、$\phi80$ 和 8、$\phi36$、$\phi44$ 和 14 及 $\phi62$ 和 14。
- 最后将所有尺寸安排清晰妥当,如图 1-28(c)所示。

这里要特别强调,尺寸标注清晰是非常重要的,也是很难的。如果已经发现尺寸没有安排好,应该擦去重新安排、标注,直到满意为止。

有些图形中,孔沿圆周分布,如图 1-29 所示。这时仍可用内定外构形标注尺寸,不过是采用极坐标标注孔的定位尺寸,即标注分布孔所在圆周的直径或半径以及分布孔的角度。图 1-29 的图形标注尺寸步骤如下:

- 标注五个孔的定形尺寸,即 $\phi21$ 和 $4×\phi5$,左边两孔的定位尺寸为 $R15$ 和 45°,右边两孔的定位尺寸为 $R22$ 和 15°、75°。
- 标注整个图形的外部尺寸 $R6$、$R28$ 和 $R17$。

图 1-30 和图 1-31 是不规则图形,仍可以用内定外构形标注尺寸,只是要找到标注尺寸的基准。图 1-30 以左边 $\phi12$ 孔的中心为基准,标注定位尺寸 30、20 和 40、30 及定形尺寸 $2×\phi8$、$\phi12$,最后再标注 $R10$ 和 $\phi24$,整个图形尺寸即标注完毕。

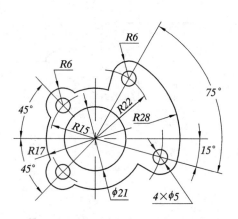

图 1-29　构形分析与尺寸标注(一)

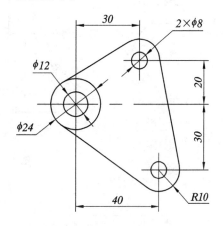

图 1-30　构形分析与尺寸标注(二)

图 1-31 以下边直角形的底边 A 和侧边 B 为基准标注尺寸,所以整个图形标注尺寸的过程是,先标注直角形尺寸 10、45 和 10、25,再标孔径 $\phi12$ 和定位尺寸 25 和 40,最后标注外形尺寸 $\phi24$ 和右边切线端点的定位尺寸 9。

图 1-32(a)中图形为六孔 $\phi8$ 沿圆周均匀分布,此时可只画出其中一个孔,其他孔仅画出中心线即可。标注尺寸时,除标注 $6×\phi8$ 之外,还要标注“均布”两字,也可像图 1-32(b)中那样写上“EQS”。

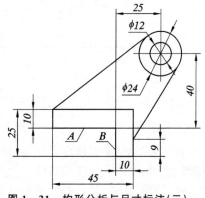

图 1-31　构形分析与尺寸标注(三)

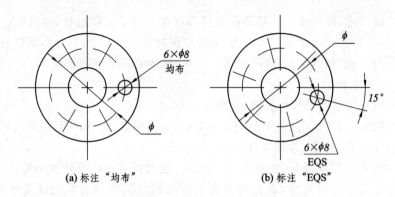

(a) 标注"均布"　　　　　(b) 标注"EQS"

图 1-32　均布孔与尺寸标注

1.2.2　带有圆角轮廓的图形

有些平面图形不是内定外构形,而是由于结构的需求先做成多边形,再将其修切成圆角,如图 1-33 和图 1-34 所示。这类图形根据结构特点,显然应先标注出多边形轮廓尺寸,再标注各圆角的半径 R。从几何作图可知,各圆弧的圆心位置均已确定,无须再标注定位尺寸。

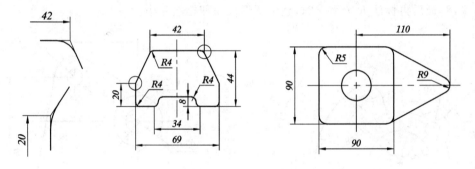

图 1-33　构形与尺寸

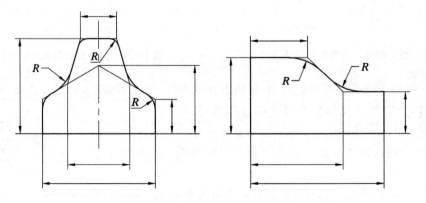

图 1-34　圆角构形的尺寸标注

对这类图形,不能像内定外构形那样先标注各圆弧的圆角半径尺寸,再标注各圆弧圆心的定位尺寸,如图 1-35 所示那样。这是错误标注法。

图 1-36 和图 1-37 的尺寸标注法都是正确的,分析它们的区别,以便在标注尺寸时借鉴。

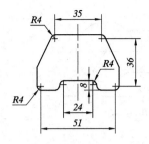

图 1-35 错误注法

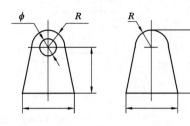

图 1-36 按构形标注尺寸(一)

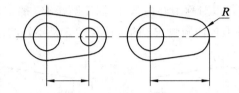

图 1-37 按构形标注尺寸(二)

1.2.3 对称图形的尺寸

当图形具有对称中心线时,分布在对称中心线两边的相同结构,可仅标注其中一边的结构尺寸,如图 1-38 中的 $R64,12,R9$ 及 $R5$ 等。

图 1-39(a)是常见的错误注法,错误的原因之一是缺乏构形分析;错误的另一原因是缺乏对称的概念,只要是对称图形,应该以对称中心为基准标注尺寸。这样可把尺寸标注的特别清晰简单,且合理。

从图 1-39(b)标注的尺寸可以清楚看出,这个图形原来长度为 28,切出 23 的一个槽,再作出 $R8$ 的半圆,下边也是先有 42,再切去成 22,所以这是正确的构形分析注法。

图 1-40(a)所示是另一种常见标注尺寸的基准选择不妥,即以圆周的某一点为基准标注尺寸 13;显然,图 1-40(b)是正确的,它以圆的对称中心为基准标注尺寸 24。

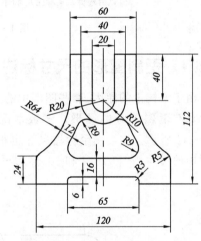

图 1-38 对称构形的尺寸标注

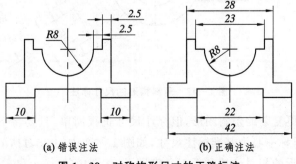

(a) 错误注法   (b) 正确注法

图 1-39 对称构形尺寸的正确标注

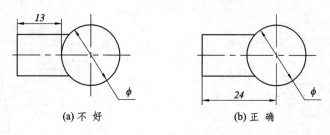

(a) 不 好　　　　　　　　　(b) 正 确

图 1 - 40　以几何中心为基准标注尺寸

图 1-41 中,从对称的角度看,两图的标注尺寸均正确。但从基准选择看,图 1 - 41(b)无疑是比较好的注法,因为它是以对称中心为基准,标注圆弧 $R3$ 的定位尺寸 50;而图 1 - 41(a)则通过尺寸 60,以两边为基准标注圆弧 $R3$ 的定位尺寸 5 是不好的注法。

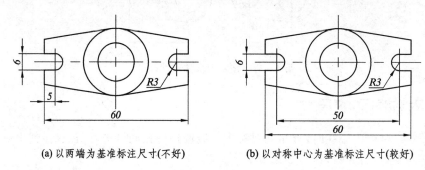

(a) 以两端为基准标注尺寸(不好)　　　　(b) 以对称中心为基准标注尺寸(较好)

图 1 - 41　对称图形尺寸标注

1.2.4　歪斜图形的尺寸标注

由于结构上的原因,有些图形中的某些结构,要求作成与主要结构部分成倾斜位置,因而成了具有歪斜部分的图形。多数情况下,歪斜部分仍有自己的对称轴线或对称中心,如图 1 - 42 所示。这类图形标注尺寸也很简单,只要标注歪斜部分时按其对称中心标注尺寸,如图中的尺寸 10 和 16,4 和 30,然后再加注一歪斜角度 30°即可。

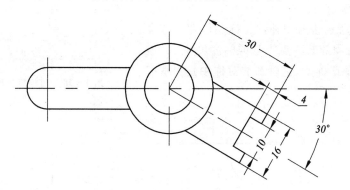

图 1 - 42　歪斜构形的尺寸标注

图 1 - 43 是一个更复杂的歪斜图形,但标注尺寸仍很简单,只要将下部尺寸标注好,再标上部尺寸,按其局部对称中心为基准标注尺寸,如图 1 - 43 中的 38,11,$R20$ 和 $R25$,然后再标注上部图形与下部图形的相对位置和歪斜角度即可,如图中的 x,y 和 60°。

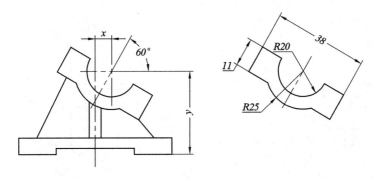

图 1 - 43　歪斜部分构形的尺寸标注

1.2.5　圆弧连接图形

由于结构原因,机械上某些零件,往往设计成圆弧连接的图形,如摇臂、拨叉、挂轮架等零件。这种图形的特点是比较复杂,既有内定外构形,又有带圆角的图形;既有圆弧和圆弧连接,又有圆弧和直线连接等。画图时,要求画的光滑美观;标注尺寸时,要根据几何分析,既不能给出多余尺寸,也不能缺少尺寸,如有些连接圆弧只须给出半径大小,而其圆心位置尺寸不必给出,或只给出一个圆心位置即可。

如图 1 - 44 所示挂轮架,其下部分有三处内定外构形,上部分为带圆角的构形。图 1 - 45(a)是图 1 - 44 的作图过程。图 1 - 45(b)是它标注后的图形。从图中可以看出,左边的尺寸 $R20$ 是个连接圆弧,它把已知直线与 $\phi90$ 的圆弧连接起来,所以是惟一确定的,无须给出它的圆心位置尺寸。同理,图形右边下面的圆弧 $R10$ 也是连接圆弧,它把 $\phi90$ 圆弧与 $R18$ 圆弧连接起来,因此它也是几何确定的,无须给出 $R10$ 的圆心位置尺寸。同理,上面的圆弧 $R10$ 也是连接圆弧。

图 1 - 45(b)中,最上面的圆弧 $R5$ 的圆心位置是由高度尺寸 160 所决定,而且只有一个尺寸即可;有了这个尺寸才能进一步画出 $R40$ 的圆弧,它相当于一个过渡性圆弧;最后用 $R5$ 连接圆弧,并将上面的带圆角图形与下面的内定外构形的图形连接起来。此外,图形中的其他圆弧均为已知圆心位置和半径的圆弧。

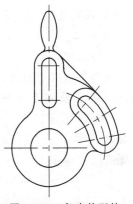

图 1 - 44　复杂构形的
平面图形

从上面的分析可知,要正确画出这类图形并标注尺寸,几何分析是非常重要的。从已知的分析可以看出,图形中的线段(直线或圆弧),按其作用可以分为已知线段、中间线段和连接线段。对圆弧来说,已知圆弧,即圆弧的半径尺寸和两个定位尺寸均为已知;连接圆弧,即圆弧的半径尺寸为已知,两个圆心定位尺寸均为未知;中间圆弧,即圆弧半径已知,其中只有一个定位尺寸已知。所以,在图 1 - 45(b)中,$R20,R10,R10$ 和 $R5$ 为连接圆弧,上面 $R5$ 和 $R40$ 为中间圆弧,其他圆弧均为已知圆弧。

画中间圆弧和连接圆弧均须根据已知条件,求出其圆心的位置才能作图,并准确求出圆弧与圆弧或圆弧与直线的连接点(或切点)。这是图形光滑的首要条件。求圆心位置的原理最好的解释是用轨迹的方法,下面通过几个例题加以说明。

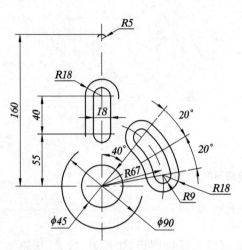

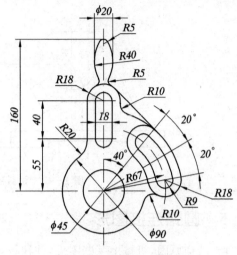

(a) 根据给定尺寸先画出已知直线、圆、圆弧或图形　　　(b) 画出连接圆弧和中间圆弧

图 1 - 45　按构形分析作图和标注尺寸

例 1 - 1　求作一圆弧 R 与一已知直线 L 相切,如图 1 - 46(a)所示。

与一已知直线相切的圆弧可能有无数个,其圆心轨迹在与 L 线平行且距离为 R 的直线上,所以在轨迹线上的任意点均可以作出圆弧与该直线相切。

例 1 - 2　求作一圆弧 R 与两已知直线均相切。

与两条直线均相切,实际上是求两条圆心轨迹直线的交点,如图 1 - 46(b)所示。

例 1 - 3　求作一圆弧 R_1 与已知圆弧 R 相切(外切)。

与一已知圆弧外切的圆弧有

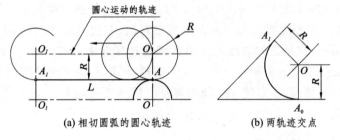

(a) 相切圆弧的圆心轨迹　　　(b) 两轨迹交点

图 1 - 46　圆弧连接的构形分析

无数个,只要在圆弧 R 的外面任意作圆弧与其外切即可;而两个圆心的连接线与圆弧 R 的交点即为两圆弧的切点,如图 1 - 47(a)所示。从图中可以清楚看出,圆弧 R_1 的圆心轨迹是圆,其半径为 R_2,而 $R_2 = R_1 + R$。

例 1 - 4　求作一圆弧 R_1 与已知圆弧 R 相内切。

与一已知圆弧 R 内切的圆弧有无数个,只要在已知圆弧内画出许多圆弧与之内切即可,如图 1 - 47(b)所示。从图中可以看出,圆弧 R_1 的圆心轨迹是圆弧 R_2,且 $R_2 = R - R_1$。同理,两圆心连线与圆弧 R 的交点即为切点,如图中的 A 点。

注意:两圆心 O_1 和 O 均在切点的同一侧。这是区别内切与外切的标志,即内切在同侧,外切在两侧。

例 1 - 5　求作一圆弧 R 与两已知圆弧 R_1 和 R_2 外切。从轨迹的角度看,这实际上是求两个轨迹圆弧的交点,如图 1 - 48(a)所示。其作图过程是,以 O_1 点为中心,以 $R + R_1$ 为半径作弧;再以 O_2 为中心以 $R + R_2$ 为半径作弧。这两段圆弧的交点 O 即为所求连接弧 R 的中心,O_1O 连线上的 A_1 和 O_2O 连线上的 A_2 即为切点,$\overset{\frown}{A_1A_2}$ 即为所求连接弧。

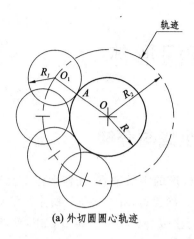

(a) 外切圆圆心轨迹

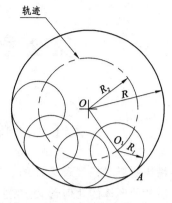

(b) 内切圆圆心轨迹

图 1 - 47　圆弧连接的轨迹分析

例 1 - 6　求作一圆弧 R 和两已知圆弧 R_1 和 R_2 均内切,如图 1 - 48(b)所示。

与例 1 - 5 相似,这也是求两轨迹圆弧的交点,只是分别以 O_1 和 O_2 为中心,以 $R-R_1$ 和 $R-R_2$ 为半径作圆弧,两圆弧交点 O 即为所求。

例 1 - 7　求作一圆弧 R 与已知圆弧 R_1 外切,与另一圆弧 R_2 内切。

显然,其作图过程是用 $R+R_1$ 和 $R-R_2$ 作圆弧求交点,如图 1 - 48(c)所示。

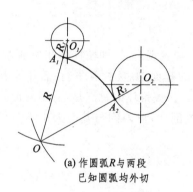

(a) 作圆弧R与两段
已知圆弧均外切

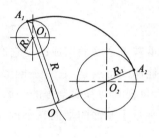

(b) 作圆弧R与两段
已知圆弧均内切

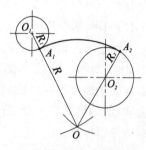

(c) 作圆弧R与两段已知圆弧
之一外切,另一内切

图 1 - 48　圆弧连接的轨迹分析

例 1 - 8　如图 1 - 49 所示,求连接圆弧 R 的圆心位置。

显然,圆心位置在两轨迹的交点,即 R_1+R 的圆弧与直线的平行线相交的交点 O,A_1 和 A_2 是切点,$\overset{\frown}{A_1A_2}$ 即为所求的连接弧。

通过上述几个例题可以总结出图 1 - 45 的画图过程如下:

- 先画出主要中心线,即 $\phi 90$ 的中心线,并布置在合适位置上,再画出图形最高线,即 160 的水平线;
- 画出所有已知线段如图 1 - 45(a)所示;
- 画出所有连接弧和中间弧;
- 标注尺寸;
- 将底段中的细线描深;
- 将图形轮廓线描深,如图 1 - 45(b)所示。

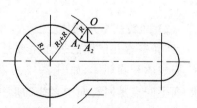

图 1 - 49　求连接圆弧的圆心位置

第 2 章　空间形体

2.1　形体及其生成与分解

自然界物体的形状是多种多样的。但从几何构形的观点来看,任何形体都是有规律的。为了全面认识各种形体的几何含义,并且将其进行正确表达,就需要研究物体的类型和形成的规律,研究空间形体的分析方法,在对空间形体进行生成和分解的分析过程中,更加深刻地认识空间形体。

2.1.1　形体的分类

空间形体可以分为基本形体和组合形体。

1. 基本形体

基本形体是形体最基本的组成,按其表面形成的特点分为平面基本几何体和回转面基本几何体。

(1) 平面基本几何体

平面基本几何体的表面是由若干个平面围成的。它有两种表现形式,即棱柱体和棱锥体,如图 2-1 所示。可以看出,棱柱体的特点是:它有不同形状的基面,侧棱相互平行;若用平行于基面的平面在不同位置剖切,可得到与基面全等的平面形状。棱锥体的特点是:有不同形状的基面,但侧棱交于一点;若用平行于基面的平面在不同位置剖切,可得到与基面大小不等但相似的平面形状。

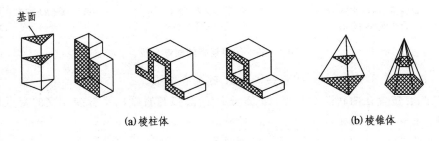

(a) 棱柱体　　　　　　　　　　　　(b) 棱锥体

图 2-1　平面基本几何体

(2) 回转基本几何体

回转基本几何体的表面主要是由回转面围成的。通常有四种表现形式,即圆柱体、圆锥体、圆球体和圆环体,如图 2-2 所示。它们的共同特点是用平面垂直轴线剖切后,可得圆的形状;而不同点是回转面中素线的形状和素线与轴线的位置不同。如圆柱体回转面的素线为直线,并与轴线平行;圆锥体回转面的素线亦为直线,但与其轴线交于一点;圆球体回转面的素线为一半圆,其圆心位于轴线上;圆环体回转面的素线为一整圆,其圆心不在轴线上。

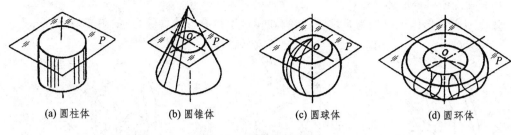

(a) 圆柱体　　　(b) 圆锥体　　　(c) 圆球体　　　(d) 圆环体

图 2－2　回转基本几何体

2．组合形体

组合形体是由若干个基本形体组合而成。由于组合方式不同，可分为堆垒型组合形体、切割型组合形体、相贯型组合形体和复合型组合形体。

（1）堆垒型组合形体

这种组合形体像积木块一样，将若干个基本形体简单地叠加，并保持各自基本形体的完整性，如图 2－3 所示。

（2）切割型组合形体

这种组合形体是用若干个平面切割基本形体而成，如图 2－4 所示。

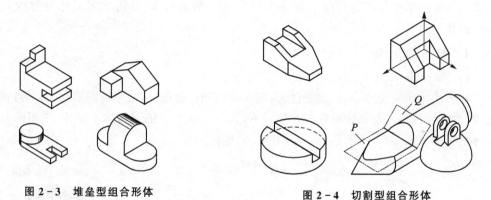

图 2－3　堆垒型组合形体　　　　图 2－4　切割型组合形体

（3）相贯型组合形体

立体间的相交称为相贯。相贯型组合形体可以分为实体与实体相贯及实体与空体相贯、空体与空体相贯，如图 2－5 所示。

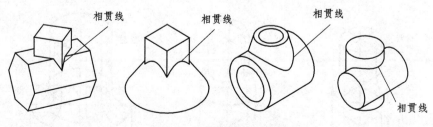

图 2－5　相贯型组合形体

（4）复合型组合形体

复合型组合形体可以认为是堆垒、切割和相贯型组合形体的综合，如图 2-6 所示。

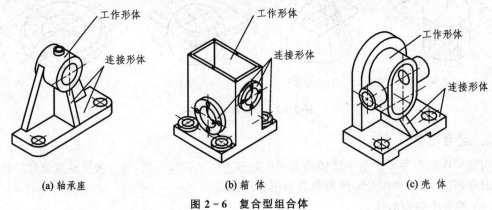

(a) 轴承座　　　　　　　　(b) 箱 体　　　　　　　　(c) 壳 体

图 2-6　复合型组合体

2.1.2　形体的生成与分解

不同的形体，有不同的生成方法，一般情况下有两种：运动生成法和组合生成法。形体的分解是生成的逆过程。掌握形体生成的过程，就能清楚地了解形体成形的原因，就能将任何形体进行分解。形体分解是将组合体分解成若干个基本形体，再将基本形体分解成几何元素（面、线及点）。

1. 形体的生成

（1）回转法

回转法生成回转体，生成的条件为：回转轴线和运动母线（或平面图形）。不同性质的运动母线（或平面图形），与回转轴线相对位置不同，可生成不同的回转体。图 2-7 所示是基本回转体的生成。图 2-8 所示是组合型回转体的生成。

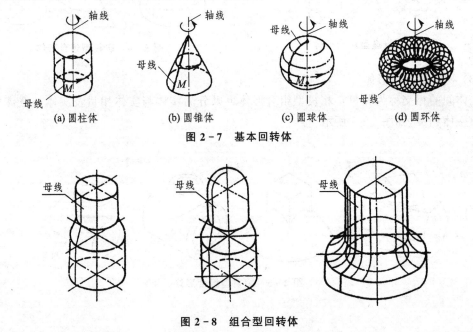

(a) 圆柱体　　　　(b) 圆锥体　　　　(c) 圆球体　　　　(d) 圆环体

图 2-7　基本回转体

图 2-8　组合型回转体

（2）移动法

任一平面图形（基面）沿某一直线或曲线方向平移可生成某种形体。如正圆柱体可以看成是圆沿着垂直于圆平面的方向平移的结果，如图 2 - 9 所示；同理，正六棱柱体也可看成是正六边形沿垂直于正六边形平面的方向平移的结果，如图 2 - 10 所示。

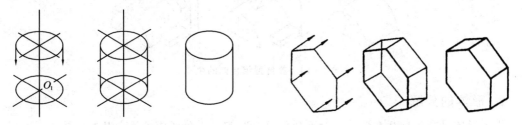

图 2 - 9 平移法生成正圆柱体　　　　　图 2 - 10 平移法生成正六棱柱体

（3）组合法

堆垒型组合体：将各种基本形体用叠加的方法组合成的形体，如图 2 - 11 所示。

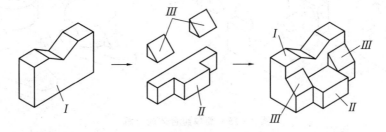

图 2 - 11 堆垒型组合体的生成

切割型组合体：将基本形体用面剖切的方法组合成的形体，如图 2 - 12 所示。

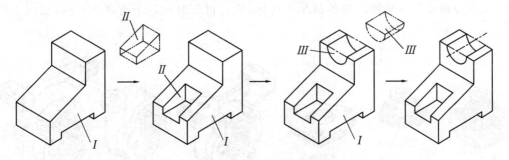

图 2 - 12 切割型组合体的生成

相贯型组合体：用若干个基本形体之间的各种相交关系组合成形体，如图 2 - 13 所示。

图 2 - 13 相贯型组合体的生成

复合型组合体：用若干个基本形体，通过堆垒、切割及相贯的方法，综合地组合成的形体，如图 2 - 14 所示。

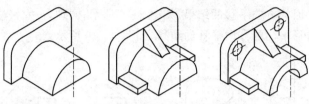

图 2 - 14　复合型组合体的生成

2. 形体的分解

组合形体是由各种基本形体组合而成的，因此，它可以分解成若干个基本形体。

(1) 简单组合体的分解

对于简单组合体的分解，要用堆垒、切割及相贯的方法去分析它的生成，如图 2 - 15 所示。

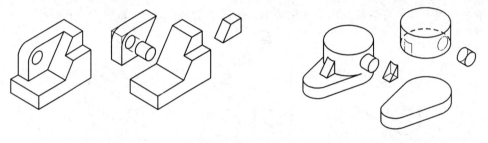

图 2 - 15　简单组合体的分解

(2) 复杂组合体的分解

复杂组合体是由若干个简单组合体组合而成，是具有功能性的组合体。因此，它的分解过程是，首先分解成带有某种功能的简单组合体，然后再分解成若干个基本形体，如图 2 - 16 所示。

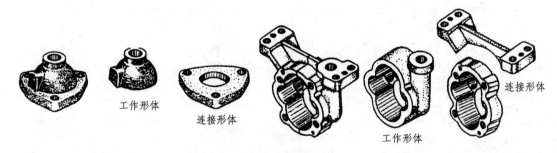

图 2 - 16　复杂组合体的分解

2.2　空间形体的三维与二维描述方法

2.2.1　空间形体的三维描述方法

随着计算机技术和图形学理论的迅猛发展，计算机可以生成非常逼真的、各种各样的三维形体。利用绘图软件,将空间形体的有关数据输入,就可以在计算机内部建立起完整的三维几何模型,并在屏幕上显示。图 2-17 即为计算机生成的摇臂的三维几何模型。该模型建立完成后,可以根据需要显示不同观察点下的摇臂的图形,如图 2-18 所示。

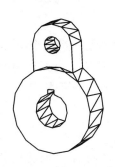

图 2-17　摇臂的三维模型

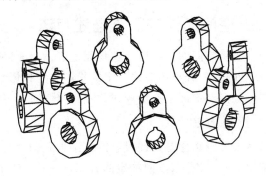

图 2-18　不同方位的摇臂

形体的三维模型主要分三种类型:线框模型、表面模型和实体模型,如图 2-19 所示。一般来讲,这三种模型都可产生三维视觉效果,但它们在计算机内部定义几何模型的数据结构是不同的。

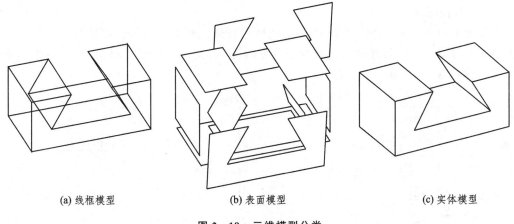

(a) 线框模型　　　　　　(b) 表面模型　　　　　　(c) 实体模型

图 2-19　三维模型分类

● 线框模型:用顶点和棱边定义形体的几何模型,如图 2-19(a)所示。由于只有点和边的几何信息,所以这种模型类似于用铁丝弯成的框架模型。

● 表面模型:用形体的表面定义形体的几何模型,如图 2-19(b)所示。由于具有点、边和面的几何信息,所以这种模型类似于用纸板围成的模型。要注意的是,它的内部是空心的,因此不能直接用这种模型进行与质量有关的分析计算。

● 实体模型:用实体造型技术生成的几何模型,如图 2-19(c)所示。它类似于用石膏制成的实心体模型。由于它的几何模型中包含了实心体部分的有关信息,所以不仅可以直接用它进行物理性质分析计算,而且还可以对模型内部进行剖切显示。

形体的三维模型不仅具有直观、逼真、符合人们空间思维习惯的优点,更重要的是它在现代工程设计过程中占有核心地位。工程设计是一个完整的过程。广义上讲,它包括市场调查、需求分析、概念设计、草图设计、详细设计、计算分析、生产及销售等环节。现代工程设计过程中,在计算机上建立的产品的三维模型可以直接应用于后续分析、生产和制造阶段。与其相关的各种工程数据可以在设计、生产的各个环节连续传递,设计结果以计算机文件的形式进入生产阶段,并控制加工制造的过程,从而实现设计、生产一体化。

2.2.2 空间形体的二维描述方法

如果要将空间的三维形体在平面上表达出来,那么就必须遵循投影规律进行转换。也就是说,把空间的三维形体按照一定的投影方法投影到二维平面上,在平面上可以得到该形体的二维图形。只有掌握了投影规律,才能正确地用二维表达方法来描述三维形体。

1. 投影方法

形体的二维图像是通过投影的方法得到的。

例如空间一点 A,按照给定的方式,过 A 点向平面 H 引直线 l;l 与 H 平面的交点 a 称为 A 点在 H 平面上的投影,H 称为投影面,l 称为投影线,如图 2-20 所示。

一般较为常用的投影方式有两种:

(1) 中心投影法

过空间所有点的投影线都通过空间一定点 S(称为投影中心),它们在投影面上的投影称为中心投影(见图 2-20)。

(2) 平行投影法

如果投影中心沿某个方向移到无穷远,则所有投影线皆互相平行。用这种方式得到的投影称为平行投影。当投影方向 S 与投影面垂直时称为正投影,如图 2-21(a)所示;否则称为斜投影,如图 2-21(b)所示。

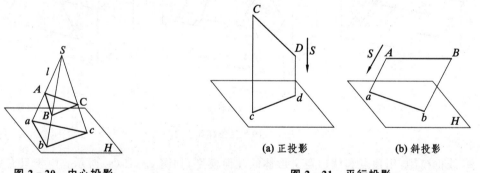

图 2-20 中心投影　　　　图 2-21 平行投影

中心投影符合人的视觉,多用于美术绘画和建筑制图;而平行投影,相对来说作图较为简单,尤其是正投影便于度量,故普遍应用于机械行业设计制图。画法几何就是以正投影为基础的。

下面着重介绍正投影法。

正投影法是一种双面或多面的正投影综合图。将空间的点 A 分别垂直投影到相互垂直的两个投影面 V 和 H 上得 a' 和 a;用这两个投影分别说明 A 点到 H 面的高度和距离 V 平面的远近。对于立体,其 V 投影表现出它正面形状和大小,H 投影表达出它顶面的形象和大小,如图 2-22 所示。

为了在一张图纸上展现两个不同平面上的投影,规定以 V 面和 H 面的交线 X 为轴将 H

向下旋转 90°与 V 面重合,就得到了图 2 - 23 所示的两面投影,也称为综合图。

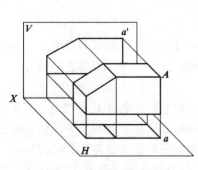

图 2 - 22　两面投影图

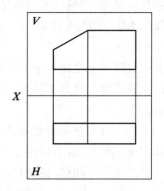

图 2 - 23　正投影综合图

将摇臂(图 2 - 17)的三维形体按照正投影方法投影到二维平面上,就得到工程上常用的三视图,如图 2 - 24 所示。

2. 平行投影的几何性质

不论是斜投影还是正投影,一般位置的平面图形经过平行投影,其形状和大小都要发生变化。简而言之,长度和角度的投影都是变量;由于它们相对于投影面的位置不同,因此它们的投影也不同。为了从投影来研究其空间原形的几何性质,需要掌握有哪些几何性质在平行投影下是不变的。

下面将介绍平行投影的几何不变性以及几何元素在特殊位置时的投影特性。

(1) 单值同素性

一般来说,点的投影是点,线段的投影仍然是线段。空间元素及其投影是一一对应的,如图 2 - 25 所示,A 点对应于它在 H 面上惟一的投影 a;线段 BC 对应于它在 H 面上的投影 bc。故称为单值同素性。

(2) 从属性

线上的点(见图 2 - 25)的投影仍然在该线的投影上。这种从属关系经过投影仍然不变。

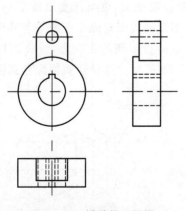

图 2 - 24　摇臂的三视图

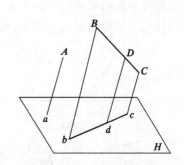

图 2 - 25　平行投影

(3) 平行性

由立体几何可知,两平行平面被第三平面所截,其交线平行,故平行二直线的投影必然平行。空间线段 $BD//CE$,其投影 $bd//ce$,如图 2-26 所示。

(4) 定比性

直线上两线段长度之比等于其投影长度之比(见图 2-25),即 $BD/DC=bd/dc$。

两平行线段长度之比等于其投影长度之比(见图 2-26),即 $BD/CE=bd/ce$。

(5) 亲似性

图 2-27 中所给 L 形平面的投影仍然是 L 形;按平行性和定比性变化,其平行边的投影保持平行和定比。但是,由于两组平行边的方向不同,比值也不相同。平面图形的这种性质称为亲似性。亲似不同于相似,最突出的区别就是:相似图形具有保角性,而亲似图形则不然(如 $\angle A=90°$,$\angle a$ 则为一锐角)。与其类似,三角形的投影仍然是三角形,二次曲线的投影必为同类型的二次曲线。

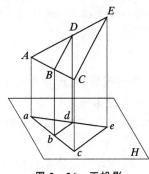

图 2-26 正投影

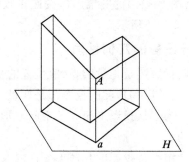

图 2-27 亲似性

(6) 积聚性

在平行投影中,当直线平行于投影方向时,则其投影蜕变为一点,平面图形则蜕变为一直线。这种蜕变称为投影的积聚性。在正投影中,当直线或平面垂直于投影面时,其投影会积聚成一点或直线,如图 2-28 所示。

(7) 存真性

一条线段或者一个平面图形的斜投影,可能变长或变大,也可能变短或变小。但是,在正投影时,线段的投影只能小于或等于其实长;平面图形的投影只能小于或等于其原形。

可是,当线段或平面图形平行于投影面时,不论斜投影还是正投影,线段的投影长等于实长,平面图形的投影是平面图形的全等形,如图 2-29 所示。这种性质称为存真性。

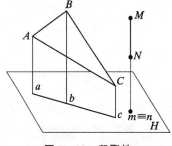

图 2-28 积聚性

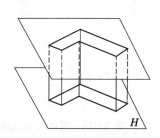

图 2-29 存真性

第3章 几何元素的投影

物质世界的各种物体,用几何观点分析,都可以看作是由基本几何元素——点、线(直线和曲线)、面(平面和曲面)依据一定的结构要求共同组合而成的。图 3-1 所示的立体可分解为 7 个面、15 条棱边和 10 个顶点。只有先研究出基本几何元素——点的图示方法和规律,才能掌握由其定义的线、面和体的图示方法。下面以 AB 边上的 A 点为例进行研究。

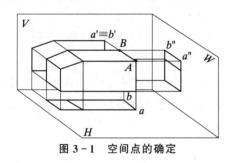

图 3-1 空间点的确定

前面已经介绍过,空间形体上的 A 点可以按照一定的投影方式(中心投影或平行投影),惟一地确定它在 V 投影面上的投影 a';反之,只由 A 点的一个投影 a',却不能惟一确定 A 点的空间位置。为克服投影的这一不可逆性,正投影法是采用两个或两个以上的投影面,作出 A 点在不同投影面上的投影 a'、a 和 a'',从而确定空间点 A 的位置,如图 3-1 所示。

3.1 点在两投影面体系中的投影

3.1.1 两投影面体系

在空间取两个互相垂直的平面,一个处于正立位置,称为正立投影面,标以符号 V,简称 V 面;另一个为水平位置,称为水平投影面,符号为 H,简称 H 面。两投影面的交线,称为投影轴,记以符号 X。由 V 和 H 投影面组成的投影面体系,如图 3-2 所示。

V 和 H 两个投影面,把空间分成为四部分,每部分称为分角或象角。其划分顺序如图 3-2 所示,分别记为 1,2,3,4。空间的点(或物体),可以放置在任意分角内进行投影。工程技术界绘制的图纸,通常是把物体放在第 1 或第 3 分角进行投影,即 1 分角画法或 3 分角画法。我国采用的是第 1 分角画法;西方国家(如英、美)则采用第 3 分角画法。

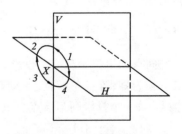

图 3-2 两投影面体系

3.1.2 点的投影

设空间一点 A 在投影面体系内,如图 3-3(a)所示。自点 A 分别向 H 面和 V 面作垂线,它们与 H 面、V 面的交点(垂足),即点 A 在 H 面和 V 面的投影,分别记为 a 和 a'。

两条垂线 Aa 和 Aa',决定一个矩形平面 $Aaa_X a'$。显而易见:$a'a_X = Aa$,反映 A 点到 H 面的距离,称为 A 点的立标;$aa_X = Aa'$,反映 A 点到 V 面的距离,称为 A 点的远标。

为把三维空间的 A 点,表现为二维平面上的图像,规定 V 面不动,将 H 面以 X 轴为旋转轴,其前半部向下转 $90°$,使其与 V 面重合。于是,A 点的两个投影 a 和 a' 就表现在垂直 X 轴的一条直线上。线段 $a'a_X$ 表示 A 点的立标;线段 aa_X 表示 A 点的远标,如图 $3-3(b)$ 所示。又因投影面 V 和 H 的框线可以略去,于是 A 点的两个投影可以画成图 $3-3(c)$ 所示的形式,即为 A 点的两面投影图。

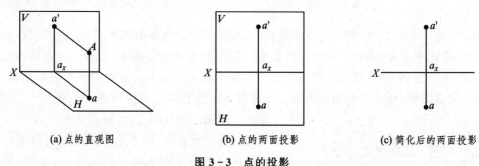

(a) 点的直观图 (b) 点的两面投影 (c) 简化后的两面投影

图 $3-3$ 点的投影

因为矩形平面 Aaa_Xa' 既垂直于 H 面,又垂直于 V 面,因而也就垂直于两投影面的交线 X 轴。当 H 面绕 X 轴向下旋转 $90°$ 后,则 $a'a_X$ 与 a_Xa 两直线之间的交角即由 $90°$ 变成 $180°$。所以,a' 与 a 两投影之连线即为垂直 X 轴的一条直线。

综上分析,点的投影规律如下:

① A 点的两投影 a' 与 a 的连线垂直投影轴 X;

② $a'a_X=Aa$,反映 A 点的立标;$aa_X=Aa'$,反映 A 点的远标。

根据点的投影规律,可以作出第 1 分角内任意点的两面投影图。在点的投影图上,虽然见不到空间的点了,但是,有了点的两个投影,把 H 面旋转回去,再自两投影分别作出 V 和 H 两个面的垂线。这两条垂线的交点就是空间点的所在位置。

由空间点画出它的投影图,再自投影图想像出空间点的位置。这一可逆过程就是画图和看图的基本训练。

为使符号标注的统一,规定:用大写字母 A,B,C,…表示空间点,用小写字母 a,b,c,…表示点的 H 面投影;a',b',c',…表示点的 V 面投影。

3.1.3 投影面上的点

空间点如果位于某一个投影面上,也就是该点到某投影面的距离为零。若点在 H 面上,则其立标为零;若点在 V 面上,则其远标为零。于是,在点的投影图中,必然有一个投影落在 X 轴上,另一个投影则与该点自身重合,如图 $3-4$ 所示。由此可得结论为:在点的两面投影图

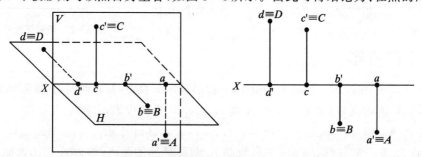

图 $3-4$ 点在两投影面体系中的投影

中,若有一个投影落在投影轴上,则该点一定在某一个投影面上。例如点 A,其 H 投影 a 在 X 轴上,则该点远标为零,故知 A 点在 V 面上,它的 V 投影 a' 与 A 点自身重合。又因 a' 在 X 轴下方,故知 A 点在 H 面下半部。

3.2　点在三投影面体系中的投影

3.2.1　三投影面体系

根据点或物体在两面体系中的两个投影,已能确定它们的空间位置。但由于定形的需要,

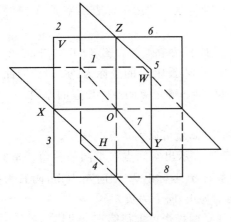

图 3 - 5　三个投影面把空间分成八部分

有时还必须再增加一个侧立的投影面,作出第三个投影。这个新增的侧立面,记以符号 W,简称为 W 面。V,H,W 三个投影面两两互相垂直,组成三投影面体系,如图 3 - 5 所示。点或物体在三个面上的投影,组成三面投影图。它是工程制图的基础图样。

V,H,W 三个投影面两两相交于一条直线。该直线仍称为投影轴。V 与 H 之交线仍为 X 轴;H 与 W 之交线记为 Y 轴;V 与 W 之交线记为 Z 轴。三轴之交点记为 O,称为原点。

三个投影面把空间分成八部分,每部分仍称为分角或象角。其划分顺序如图 3 - 5 所示。

3.2.2　点在三面体系中的投影

如图 3 - 6(a)所示,A 点位于第 1 分角内。自 A 点分别向三投影面作垂线,三垂线与三平面的交点 a,a',a'',就是 A 点在 V,H,W 面上的投影(W 面上的投影,用小写字母加两撇表示)。

展开三个投影面。为此,仍规定 V 面不动,H 面绕 X 轴使其前半部向下旋转 $90°$,与 V 面重合,W 面绕 Z 轴使其前半部向右后方旋转 $90°$,亦与 V 面重合,如图 3 - 6(b)所示。当三投影面重合为同一平面后,就得到点的三面投影图。略去投影面的框线,即得如图 3 - 6(c)所示的形式。它是点的三面投影图的基本形式。

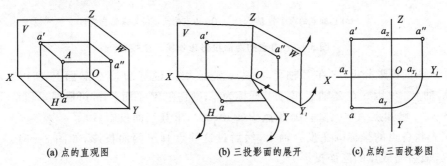

(a) 点的直观图　　　　　　(b) 三投影面的展开　　　　　　(c) 点的三面投影图

图 3 - 6　点在三面体系中的投影

点在三面体系中的投影规律如下：

① 每两投影之连线,垂直于相应的投影轴;

② 线段 $a'a_X = Aa = a''a_{Y_1}$,反映 A 点到 H 面的距离,这个距离称为 A 点的立标;

线段 $aa_X = Aa' = a''a_Z$,反映 A 点到 V 面的距离,这个距离称为 A 点的远标;

线段 $aa_Y = Aa'' = a'a_Z$,反映 A 点到 W 面的距离,这个距离称为 A 点的横标。

故用三面投影来表示空间某个点时可以写成 $A(a', a, a'')$。

3.2.3　点的投影与坐标的关系

把投影面看成坐标面、投影轴看成坐标轴,则点到三个面的距离,即是点的坐标。点的横标沿 X 轴量度,点的远标沿 Y 轴量度,点的立标沿 Z 轴量度。故用坐标表示空间 A 点时,可以写成 $A(x, y, z)$。三字母 x, y, z 的顺序不能混乱。

在点的三面投影图上,可以看出:点的每个投影都具有两个坐标。图 3-6(c)中的 A 点,其 H 投影 a 的坐标为 (x, y),V 投影 a' 的坐标为 (x, z),W 投影 a'' 的坐标为 (y, z)。因此,点的任两个投影均具备三个坐标,即是点的两个投影可以惟一确定点的空间位置的原因。

归结点的投影与坐标的关系可知:

① 由点的投影可确定点的坐标;反之,给出点的坐标,就可以确定点的投影。

② 坐标有正负值,应用坐标的正或负,可以准确地表示出空间点在不同的分角。坐标正负值的规定是:以原点 O 为基准,当采用右手坐标系时 x 坐标沿 X 轴向左为正,向右为负;y 坐标沿 Y 轴向前为正,向后为负;z 坐标沿 Z 轴向上为正,向下为负。

③ 由于点的任意两投影具备三个坐标,故给定任意两投影可求得第三个投影。

3.2.4　点的三面投影作图举例

例 3-1　已知点 M 和 N 的两个投影,求其第三个投影如图 3-7(a)所示。

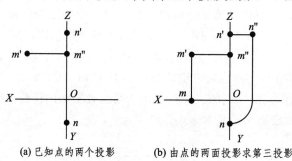

(a) 已知点的两个投影　　　(b) 由点的两面投影求第三投影

图 3-7　由点的两面投影求作第三个投影

解　从两面投影分析:m'' 在 Z 轴上,故其 y 坐标为零,说明 M 点在 V 面上,所以其水平投影 m 应在 X 轴上。又因 n' 在 Z 轴上,说明其横标为零,则它在 W 平面上,故可根据 n' 和 n 求出其 n''。

例 3-2　已知点 $A(40, 30, 40)$ 和点 $B(0, 0, 30)$,求其三面投影。

解　先将各点的坐标画在投影轴上,然后过这些点画出两面投影,如图 3-8(a)所示,再由二求三,最后完成点的三面投影。

例 3-3　已知点 D 的 y 坐标为 30,并知点 D 距三个投影面等距,完成其三面投影。又知点 E 在点 D 左方为 20,上方为 5,前方为 10,完成 E 点的投影。

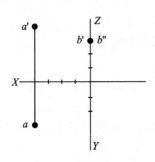

(a) 在投影轴上画出坐标点

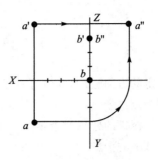

(b) 求点的投影作图

图 3-8 点的三面投影

解 点 D 的 y 坐标即它距 V 面的距离,又知点 D 与三个投影面等距,故点的另两坐标也均为 30,因此可以立即画出点 D 的三面投影,如图 3-9(a)所示。以点 D 为基准不难再画出点 E 的三面投影,如图 3-9(b)所示。

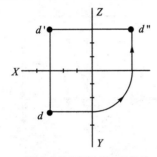

(a) 由点 D 坐标画其三面投影

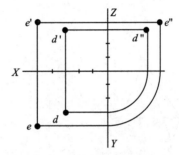

(b) 以点 D 为准画出点 E 的三面投影

图 3-9 点的三面投影

例 3-4 已知空间一点 G,它与 V 面的距离为其对 H 面距离的 2 倍,它与 W 面距离不予限制,画出这样一个点的三面投影,并讨论其解的情况。

解 与 V 面距离是与 H 面距离的 2 倍,即该点的 x 坐标是 z 坐标的 2 倍,而 x 坐标任意,在 W 投影上画一 $y=2z$ 的斜线,如图 3-10(a)所示,即斜线上任何一个点 g'' 都满足条件 $y=2z$,且 g' 和 g 也不定,可以有多个解,如 $g_1'g_1g_2'g_2$ 等,故本题有无穷多解,其轨迹为第一分角的一个过原点的分角面,如图 3-10(b)所示。

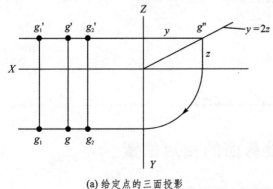

(a) 给定点的三面投影

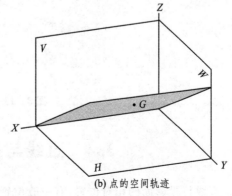

(b) 点的空间轨迹

图 3-10 点的三面投影

3.3 直线的投影

空间一点按给定的方向运动,其轨迹就是一条直线。因而,直线可由一点及一方向确定,或由直线上任意两个点确定。

图 3-11 所示三棱锥的任意两个顶点均可确定一条直线。下面以由 A、B 两点确定的直线为例来研究直线 AB 的投影。

根据平行投影的特性,可知:

① 直线的投影仍为直线。在特殊情况下,当直线与投影方向平行时,其投影则积聚为一点,如图 3-12 所示。

② 直线的投影,可由线上任意两点的同名投影相连而得,如图 3-13 所示。

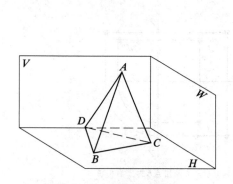

图 3-11　两点确定直线

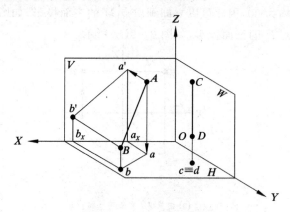

图 3-12　直线的投影图

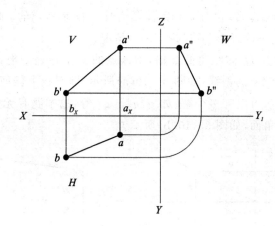

图 3-13　直线的投影作图

3.4 直线与投影面的相对位置

直线与投影面的相对位置,有一般位置和特殊位置两种。

3.4.1　一般位置的直线

空间直线与任何一个投影面既不平行也不垂直,即为一般位置直线。它与三个投影面都倾斜,各形成一定的倾角。

1. 倾角的定义

空间直线与其在某个投影面上的投影间的夹角,定义为直线与该投影面的倾角。如图 3-14 所示,直线 AB 与 H 面的倾角,以 AB 直线与其在 H 面上的投影 ab 之夹角来表示,符号记为 θ_H;AB 与 V 面之倾角,以 AB 与 $a'b'$ 之夹角表示,符号记为 θ_V;AB 与 W 面之倾角,以 AB 与 $a''b''$ 之夹角 θ_W 表示。

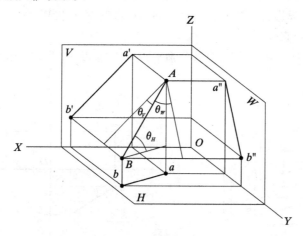

图 3-14　倾角的定义

2. 一般位置直线的投影特点

一般位置直线投影的特点如下:

① 线段的投影长总是小于它的实长。由图 3-14 可知:$ab = AB \cos \theta_H$,$a'b' = AB \cos \theta_V$,$a''b'' = AB \cos \theta_W$;而 $\theta_H,\theta_V,\theta_W$ 都不等于零,它们的余弦小于 1。因此,各投影长小于实长 AB。

② 倾角的投影(简称投影角),总是大于倾角自身。

如图 3-15 所示,设 AB 直线与 H 面成倾角 θ_H,它的 V 投影为 θ'_H,证明 $\theta'_H > \theta_H$。

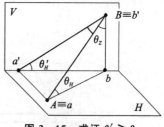

图 3-15　求证 $\theta'_H > \theta_H$

证明　在直角三角形 ABb 与 $a'b'b$ 中,由于 $ab > a'b$,而 $Bb = b'b$,故知 $\theta'_H > \theta_H$。

③ 直线 AB 与投影轴 Z 的夹角为 θ_Z,与 Y 轴之夹角为 θ_Y,与 X 轴之夹角为 θ_X,从图 3-15 中可见,θ_H 与 θ_Z 互为余角;同理,θ_V 与 θ_Y 互为余角,θ_W 与 θ_X 互为余角。

④ 一般位置直线的三个投影均处一般位置,即均不与任何投影轴平行或垂直,如图 3-13 所示。

3.4.2　特殊位置的直线

空间直线与投影面之一平行或垂直时,即为特殊位置直线。

1．平行于投影面的直线

平行于一个投影面,且与其他投影面成倾斜位置的直线,称为投影面平行线,简称"面"//线。

平行于 H 面的称水平线;平行于 V 面的称正平线;平行于 W 面的称侧平线。

"面"//线的投影特点如下:

① 在直线所平行的投影面上,直线段的投影反映实长及其与其他两投影面之倾角,即有存真性;

② 直线的其他两投影,分别平行于相应的投影轴。

如图 3-16 所示,以水平线 AB 为例,可以看出:

① AB 直线的 H 投影 ab 反映实长,且反映 AB 线与 V 面和 W 面之倾角 θ_v 及 θ_w,均为实际大小,即 H 投影有存真性;

② AB 线的其他两投影 $a'b'$ 及 $a''b''$,分别平行于 X 轴及 Y_1 轴,如图 3-16(b)所示。

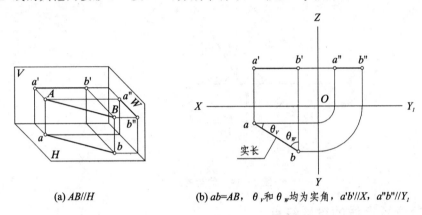

(a) $AB//H$ (b) $ab=AB$, θ_v和θ_w均为实角, $a'b'//X$, $a''b''//Y_1$

图 3-16　"面"//线的投影特点

同理可知:正平线 BC(见图 3-17)、侧平线 AC(见图 3-18)亦具有同样的投影特点。

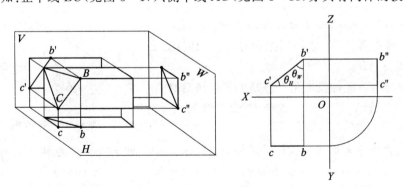

图 3-17　正平线 $BC//V$ 面

2．垂直于投影面的直线

垂直于一个投影面的直线,称为投影面垂直线,简称"面"垂线或投射线。当然,垂直于一个投影面的直线必平行于另两个投影面。垂直于 H 面的称铅垂线;垂直于 V 面的称正垂线;垂直于 W 面的称侧垂线。

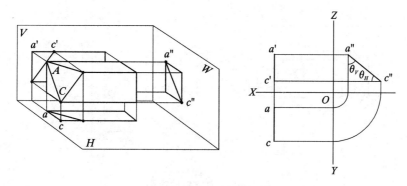

图 3 - 18　侧平线 AC∥W 面

投射线的投影特点如下：

① 在直线所垂直的投影面上，其投影积聚为一点，即有积聚性；

② 直线的其他两投影均平行于相应的一个投影轴，并反映线段的实长。

以铅垂线 AB 为例，如图 3 - 19 所示，可看出以下投影特点：

① AB 线的 H 投影 ab 积聚为一点，即有积聚性。该直线上所有点，其 H 投影都与 ab 重合。

② 直线的另两投影 a'b' 及 a″b″，均平行于 Z 轴，并反映线段 AB 的实长。

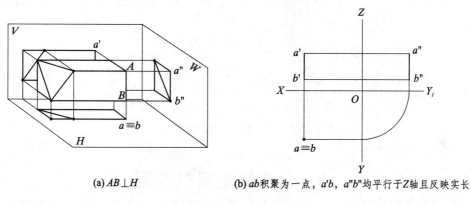

(a) AB⊥H　　　　　　　(b) ab 积聚为一点，a'b，a″b″均平行于 Z 轴且反映实长

图 3 - 19　铅垂线的投影特点

同理可知，正垂线 AB（见图 3 - 20）、侧垂线 AC（见图 3 - 21）亦具有同样的投影特点。

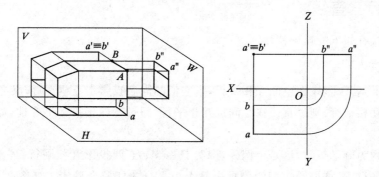

图 3 - 20　正垂线的投影

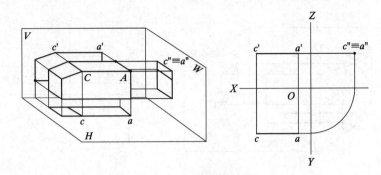

图 3-21　侧垂线的投影

3. 投影面上的直线

投影面上的直线是投影面平行线的特殊情形。这种直线具有投影面平行线的一切特点。因它又在投影面上,所以还具有其自身的特性,这就是:

① 直线的一个投影与该直线自身重合。

② 直线的其他两投影分别落在相应的投影轴上。如图 3-22 所示,直线 AB 在 V 面上,其 V 投影 $a'b'$ 与 AB 自身重合;其他两投影 $a'b'$ 及 $a''b''$ 分别落在 X 轴与 Z 轴上。

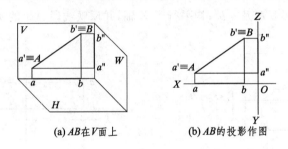

(a) AB 在 V 面上　　　　(b) AB 的投影作图

图 3-22　投影面上的直线

3.5　二直线的相对位置

二直线的相对位置有平行、相交和交叉三种。

3.5.1　平行二直线

平行二直线有如下的投影特性。

1. 平行性

一般情况下,若二直线在空间互相平行,则它们的同名投影也互相平行;反之,若二直线的各个同名投影互相平行,则二直线在空间也互相平行,即平行性是投影不变性,如图 3-23(a)所示。

若二直线均为侧平线时,这是个例外,因为只由 V、H 两投影互相平行,还不能确定该二直线空间是否平行,必须再看它们的侧投影是否也平行才能完全确定。如图 3-23(b)所示,AB 与 CD 二直线的 V、H 投影平行,而侧投影不平行,则知 AB 与 CD 不是平行二直线。

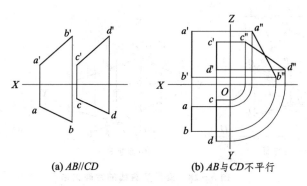

(a) $AB//CD$　　　　(b) AB 与 CD 不平行

图 3 - 23　平行判断

2. 定比性

　　二平行线段之比等于其投影之比，即 $AB：CD＝ab：cd＝a'b'：c'd'＝a''b''：c''d''$。定比性也是投影不变性。图 3 - 23(b) 中，若不利用 W 投影，只凭 V 和 H 投影即可判断 AB 与 CD 不平行，因为投影中明显可见 $a'b'/ab \neq c'd'/cd$。

3.5.2　相交二直线

　　空间二直线相交，其各个同名投影也相交。投影的交点即是二直线交点的投影。由于交点是两直线的共有点，故该点的投影满足点的投影规律，即它的两投影连线必垂直于投影轴。据此，可在投影图上识别二直线是否相交。

　　如图 3 - 24(a) 所示，AB 与 CD 为相交二直线，其交点 K 为共有点，即 K 点既属于 AB，也属于 CD。图 3 - 24(b) 所示 AB 与 CD 为不相交，因它们无共有点，即它们的投影交点不是一个点的投影。

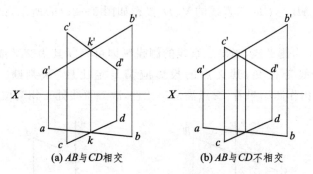

(a) AB 与 CD 相交　　　　(b) AB 与 CD 不相交

图 3 - 24　相交判断

3.5.3　交叉二直线

　　二直线既不平行也不相交，就是交叉二直线。交叉二直线也称相错二直线或异面二直线，如图 3 - 25 所示。

　　在 V、H 两投影面体系中，交叉二直线的投影可能表现为：两投影分别平行且都与 X 轴垂直，如图 3 - 23(b) 所示；一个投影平行，另一投影相交，如图 3 - 25(c) 所示；两投影分别相交，但二交点的连线不垂直于 X 轴，如图 3 - 25(b) 所示。

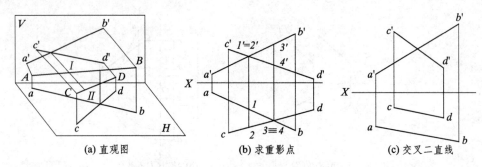

图 3-25　交叉二直线的空间关系

在交叉二直线的投影中，其投影的交点称为重影点，它是二直线上有相同坐标的两个点的投影。如图 3-25(b)所示，V 投影 $a'b'$ 与 $c'd'$ 的交点，是 AB 线上的点 Ⅰ 与 CD 线上的点 Ⅱ 的重影点，即 $1'=2'$，该两点有相同的立标和横标；同理，ab 与 cd 的交点，是二直线上有相同远标和横标的两个点的投影，即 $3=4$。

当有重影点出现时，必有一个点遮住另一个点，从而产生可见点与不可见点的问题，即可见性问题。判断重影点可见性的方法是：当两点在某一个投影面上重影（如图 3-25(b)中的 $1'$ 和 $2'$ 点）时，就观察其另一投影。在该投影中坐标较大的点（图中 H 投影的 2 点）为可见点（Ⅱ点的 V 投影 $2'$ 为可见点）；坐标较小的点（H 投影中的 1 点）为不可见点（Ⅰ点的投影 $1'$ 不可见，用小括号括起来）。

更重要的是，利用重影点判断，可以判断两交叉直线的空间关系，此例中由于Ⅱ点在前，Ⅰ点在后，故直线 CD 在 AB 之前。同理亦可判断 AB 在上，CD 在下。

3.5.4　应用举例

例 3-5　已知 AB 与 CD 二直线的 V、H 投影如图 3-26(a)所示，试判断二直线的相对位置为相交或交叉。

解　因直线 AB 为侧平线，画出二直线的侧投影即可判断其为交叉或相交。若不用侧投影，则可根据"二直线若相交，其交点的投影应满足定比性"来判断。本题采用此法，如图 3-26(b)所示。由作图结果看：交点满足定比性，故二直线处于相交位置。

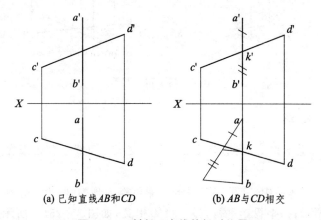

(a) 已知直线 AB 和 CD　　　　　(b) AB 与 CD 相交

图 3-26　判断二直线的相对位置

3.6　一般位置直线段的实长与倾角的解法

一般位置直线段的投影,既不反映线段的实长,也不反映它与投影面的倾角。在解决空间几何问题时,常需根据投影求出线段的实长与倾角。为此,应分析研究此问题的解法。

如图 3-27 所示,有一般位置直线段 AB,它与 H 面的倾角为 θ_H,今欲由投影求其实长与倾角。

由图可以看出:当 AB 线向 H 面投影时,过 AB 线的投影射线组成一个投射平面 $ABba$,此平面与 H 面垂直。在平面 $ABba$ 上,过点 A 作 $AB_0 // ab$。$\triangle ABB_0$ 为一直角三角形;斜边 AB 为线段自身;AB 与 AB_0 之夹角即为该直线与 H 面的倾角 θ_H。可见,要求 AB 线段的实长与倾角 θ_H,关键在于作出直角 $\triangle ABB_0$ 的实形。

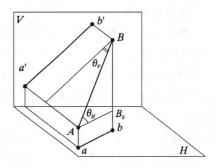

图 3-27　一般位置直线段及投影

由直角 $\triangle ABB_0$ 可以看出:该三角形的直角边 AB_0 平行且等于 ab;另一条直角边 BB_0,则为 A、B 两点的立标之差,即 $BB_0 = z_b - z_a = \Delta z$。这些线段的长短都可在已知投影图上得到。因而,直角 $\triangle ABB_0$ 的实形可以作出,问题也就因之得解。这个方法称为直角三角形法。

1. 投影作图

如图 3-28(a)所示,设线段 AB 的两投影已知,求 AB 的实长及倾角 θ_H。

作图步骤如图 3-28(b)所示:

① 过 a' 作直线 $a'b_0' // X$ 轴,得 $b'b_0' = z_b - z_a = \Delta z$;

② 自 H 投影的点 b 作 $B_1b \perp ab$,取 $B_1b = b'b_0'$

③ 连接 B_1a 得直角 $\triangle B_1ab$,斜边 aB_1 为 AB 线段之实长,aB_1 与 ab 之夹角即为倾角 θ_H。

也可以利用 V 投影上的立标差 $b'b_0$ 为一直角边,再以 H 投影 ab 之长为另一直角边组成直角 $A_1b'b_0'$,同样可以求得 AB 之实长及倾角 θ_H,作法如图 3-28(c)所示。

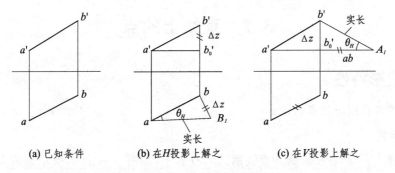

|(a) 已知条件|(b) 在H投影上解之|(c) 在V投影上解之|

图 3-28　求 AB 的实长及倾角 θ_H

同理可以推得,求线段 AB 实长及其与 V 面的倾角 θ_V 和与 W 面的倾角 θ_W 的作图法。

2. 应用举例

例 3-6　已知直线段 AB 与 H 面的倾角 $\theta_H = 30°$,其他条件如图 3-29(a)所示,试完成 AB 线的 V 投影。

解 作图步骤如图 3-29(b)所示：

① 以 ab 为直角边作直角 $\triangle abB_1$，并使 $\angle B_1ab = 30°$；

② 另一直角边 B_1b 之长为 A、B 两点立标之差 Δz；

③ 自 a' 作 $a'b_0' \parallel X$ 轴，再自 b 点作 X 轴的垂线，两直线相交于 b_0'，在 bb_0' 线上取 $b'b_0' = B_1b$ 得点 b'，连 $a'b'$ 即为所求。

本题有两解。

例 3-7 已知直线段 AB 与 H 面的倾角为 θ_H，其他条件如图 3-30(a)所示，试完成 AB 线的 H 投影。

解 根据已知的 V 投影，可得 A、B 两点立标差 Δz，以 Δz 作一直角边，此边之对角为 $\theta_H = 30°$，于是可得其余角 $\theta_z = 60°$。据此，在 V 投影上作出直角 $\triangle A_1b'b_0'$，则直角边 A_1b_0' 即为 AB 的 H 投影 ab 之长。再以 a 为圆心、A_1b_0' 为半径画圆弧，与 $b'b_0'$ 之延长线交于 b_1 和 b_2 两点，连接 ab_1 与 ab_2 之线段均为所求。

本题有两解，如图 3-30(b)所示。

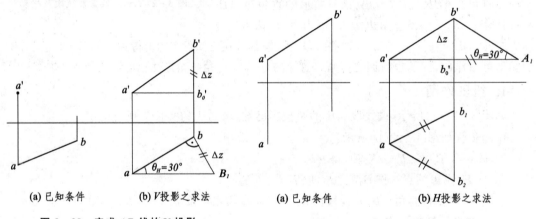

(a) 已知条件　　　(b) V 投影之求法

图 3-29　完成 AB 线的 V 投影

(a) 已知条件　　　(b) H 投影之求法

图 3-30　完成 AB 线的 H 投影

3.7　直线上的点

3.7.1　投影特性

直线上的点有以下投影特性。

1. 从属性

点在直线上，点的各投影必在直线的同名投影上，如图 3-31(a)所示。若点有一个投影不在直线的同名投影上，则表明空间点也不在空间直线上。如图 3-31(b)所示，E 和 F 两点不在 AB 直线上。

2. 定比性

直线上的点，把直线段分成一定的比例，则点的投影也把直线段的投影分成相同的比例。如图 3-31 所示，AB 线段上一点 C，将 AB 分成 $AC:CB = m:n$，则其 V、H 投影也分成相同的此例，即 $AC:CB=a'c':c'b'=ac:cb=m:n$。

　　若一点的两投影虽然在直线的同名投影上，但不成相同的比例，则表明点不在直线上。如图 3 - 32 所示，有 K 点及直线 AB，K 点的 V、H 投影虽然在 AB 线的同名投影上，但 $a'k':k'b'\neq ak:kb$，则表明 K 点不在直线 AB 上。

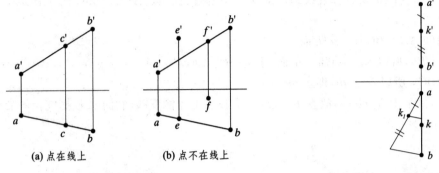

(a) 点在线上　　　　　　　(b) 点不在线上

图 3 - 31　点在线上　　　　　　　　　　图 3 - 32　点不在线上

3.7.2　作图举例

　　例 3 - 8　在侧平线 AB 上有一点 K，已知 V 投影 k'，如图 3 - 33(a)所示，求作 H 投影 k。

　　解　根据点在直线上具有定比性，即可由 k' 求得 k。具体作图见图 3 - 33(b)：过 a 任引一直线，在直线上取 $ab_1=a'b'$，$ak_1=a'k'$，连 b_1b，过 k_1 作 $k_1k /\!/ b_1b$，其与 ab 的交点 k 即为所求。

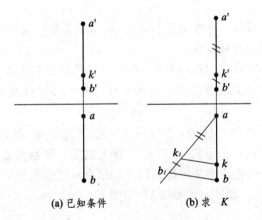

(a) 已知条件　　　　　　(b) 求 K

图 3 - 33　作 K 点的 H 投影

3.8　直角投影定理

　　二直线在空间互相垂直，组成直角。它们可以是相交垂直；也可只是交叉垂直。现在研究此直角的投影。

3.8.1 定 理

二直线在空间互相垂直(交角为直角)。若其中有一条线是"面"//线,则在"面"//线所平行的投影面上,它们的投影仍然互相垂直,即交角仍为直角。

如图 3-34(a)所示,设有二直线 AB、CD 相交垂直,交角 $\angle ABC = 90°$,且有 $BC // H$ 面。求证:$\angle abc = 90°$。

证明 已知 $AB \perp BC$,$BC // H$ 面。

由于 $BC \perp Bb$,所以 $BC \perp ABba$ 平面,于是 $BC \perp ab$。

又因 $bc // BC$,所以 $bc \perp ab$,即 $\angle abc = 90°$。

应该注意,由于 $BC // H$ 面,故直角只能在 H 投影上才能反映,它的 V 投影就没有直角关系,如图 3-34(b)所示。

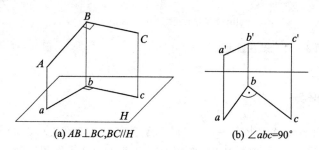

(a) $AB \perp BC$,$BC // H$ (b) $\angle abc = 90°$

图 3-34 直角投影定理的证明

3.8.2 逆定理

在二直线的投影中,若有一个投影互相垂直(交角为直角),且其中有一条线为该投影面的平行线,则二直线在空间也互相垂直。

如图 3-35 所示,有二直线 DE 和 EF。它们的 V 投影互相垂直(交角 $\angle d'e'f' = 90°$),且 $DE // V$ 面,则 DE 和 EF 二直线在空间也互相垂直。图 3-35(a)是相交垂直;图 3-35(b)是交叉垂直。

此外,还应该会逆向思维。例如,已知一条一般位置直线,要求作一直线与其垂直,如图 3-36(a)所示。显然,从空间分析,这样的线有无数条。解题的思路应该是作一平面与该直线垂直,则该平面上任何直线都是解答。但是根据直角投影定理可以逆向思维,作两条平行线与其垂直,即一水平线 N 和另一正平线 M,如图 3-36(b)所示。

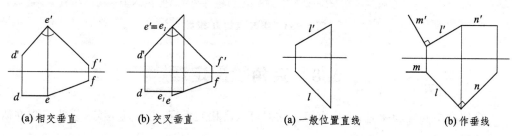

(a) 相交垂直   (b) 交叉垂直   (a) 一般位置直线   (b) 作垂线

图 3-35 逆定理的证明   **图 3-36 作直线垂直于一般位置直线**

3.8.3　应用举例

例 3 - 9　求 A 点到水平线 BC 的距离,如图 3 - 37 所示。

解　求距离问题实则是垂直问题。本题的实质为过 A 点作直线垂直于 BC,因 BC 为水平线,故自 A 点向 BC 线作垂线时,其垂直关系可在 H 投影上得到反映,自 a 向 bc 作垂线,得交点 k,再自 k 求得 V 投影 k'。连线得 A、K 两点距离的两投影,亦即 A 点到 BC 线距离的两投影。因两投影不反映距离的实长,还需再应用直角三角形法求出 AK 的实长,如图 3 - 37(b)所示。

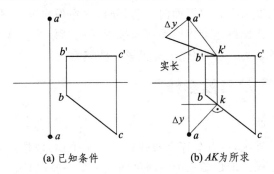

(a) 已知条件　　　　(b) AK 为所求

图 3 - 37　求 A 点到正平线 L 的距离

如果求平行二直线间的距离,则分析过程如下:

因平行二直线之间距离处处相等,故可在其中一直线上任取一点,向另一直线作垂线,求出垂足。于是,该点与垂足间之距离即是二平行线之距离,即转化为求点到直线间的距离问题,解法原理与上例相同。

例 3 - 10　已知△ABC 的 V 投影及 C 点的 H 投影,又知三角形的底边 BC 为正平线,高 AD 的实长为 25 mm,如图 3 - 38 所示。试完成△ABC 的 H 投影。

解　因 BC 为正平线,故可求得 H 投影 bc;过 a' 作 $a'd' \perp b'c'$(因高线 $AD \perp BC$,而 $BC /\!/ V$ 面,故其 V 投影 $a'd' \perp b'c'$);由高线 AD 的实长 25 mm 及 V 投影 $a'd'$,求出 A、D 两点远标差 Δy;由 Δy 求出 A 点的 H 投影 a;连接各点得△abc,即为所求,如图 3 - 38(b)所示。

本题有两解。

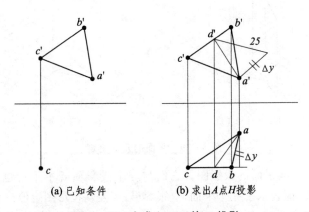

(a) 已知条件　　　　(b) 求出 A 点 H 投影

图 3 - 38　完成△ABC 的 H 投影

3.9 平 面

立体是由表面包围而成的,所以平面可以看成是平面立体上的一个表面,学会平面的投影,对学习平面立体将会有很大帮助。作为平面立体上的某一个表面它常是封闭图形。这种图形比较具体,易于想像;而抽象的平面是客观存在的,它不具体,没有具体边界,难于想像。如地球赤道平面,以及与它成65°的平面;又如某机器内部的构件,其运动是很复杂的,但其中也许有某个构件,它总是在某个特定平面内运动,分析并想像出这个平面,而且能用投影图将它表示出来,最后还能从投影图上求出该平面与投影面的倾角等。这就是本课程要培养学生具有的能力,即几何抽象能力、空间想像力和投影作图能力。

3.9.1 平面的确定及其投影作图

1. 几何元素表示法

所谓确定,即位置的确定,也就是在空间确定了一个平面,以便区别于另外的平面。从几何上讲,空间不在同一直线上的任意三个点即可确定一个平面,如图 3-39(a)所示。当然,由这个基本条件可以推引出各种形式的几何确定,如图 3-39(b)~(e)所示。

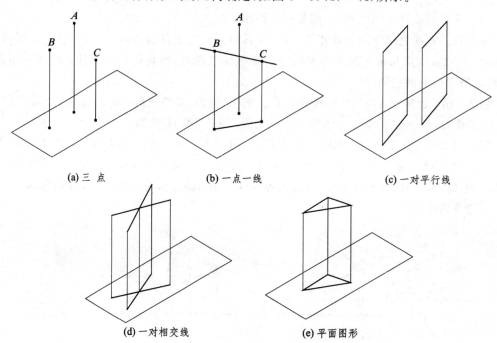

(a) 三 点　　　(b) 一点一线　　　(c) 一对平行线

(d) 一对相交线　　　(e) 平面图形

图 3-39 平面的几何确定

图 3-40 是几个不同平面的投影图。它们与三个投影面既不平行也不垂直,属于一般位置的平面,要承认它们都表示了一个平面,这很容易;但要从投影图想像出平面的空间位置就比较难。但这很重要,要求学生一定要学会从投影图想像出空间形象。要说明一个平面的空间位置可以用左倾或右倾(所谓左倾即向左倾斜,右高左低),前倾或后倾(前倾即后高前低)来描述。

要从投影图上想像出平面的空间位置,就要从分析平面各几何元素的空间相对位置开始。

如图 3-40(a)所示,其投影分析可以从 B 点开始即 B 点最高,A、C 均在 B 点前面,故可确定平面是前倾的;又知 A、B 均高于 C,所以平面是右倾的。同理,图 3-40(b)中的直线 BC 在最高点 A 之后,所以平面是后倾的;且 AC 高于 B,故平面又是左倾的。在图 3-40(c)中,直线 L 高于 M,且 M 在前,L 在后,故平面为前倾的;又因直线均为右高左低,故平面为左倾的。其余两图读者可自己想像。

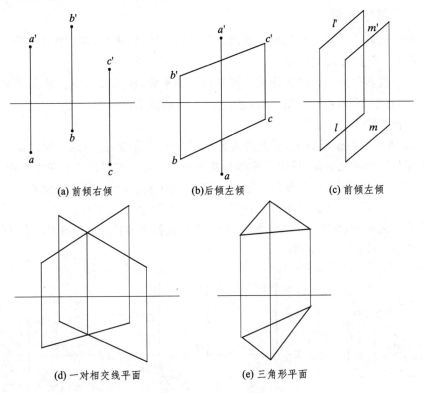

(a) 前倾右倾　　　(b)后倾左倾　　　(c) 前倾左倾

(d) 一对相交线平面　　　(e) 三角形平面

图 3-40　平面的投影

2. 平面的迹线

定　义　空间的平面与投影面的交线,就称为平面的迹线。如图 3-41 所示,设空间平面为 P,它与 V 面的交线,称为 P 平面的正面迹线;它与 H 面的交线,称为 P 面的水平迹线;它与 W 面的交线,称为 P 平面的侧面迹线。它们分别以符号 P_V,P_H,P_W 表示。

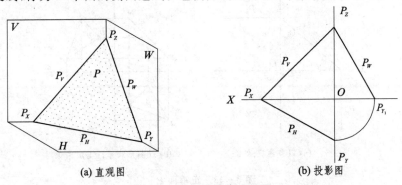

(a) 直观图　　　　　(b) 投影图

图 3-41　用迹线表示平面

用平面迹线来表示平面,优点是作图简便,并具有一定的直观性。显然,从图 3-41(b)中不难想像出 P 面为前倾且左倾平面。

3.9.2　平面与投影面的相对位置

平面与投影面的相对位置有一般位置和特殊位置两种。

1. 特殊位置的平面

平面与投影面处于平行或垂直的位置时,即为特殊位置的平面,简称特殊平面。

(1) 垂直于一个投影面的平面

垂直于一个投影面而与另两投影面成倾斜位置的平面,称为投射面。垂直于 V 面的平面称为正垂面;垂直于 H 面的称为铅垂面;垂直于 W 面的成为侧垂面。

投射面的投影特点如下:

① 在平面所垂直的投影面上,平面的投影积聚为一条直线,且与该平面的同名迹线相重合。此投影面与投影轴之交角,反映出平面与其余两投影面所组成的二面角的平面角。

② 平面的其余两投影,其表现形式有:当平面以迹线表示时,二迹线分别垂直于相应的投影轴;当平面以几何图形(例如三角形)表示时,则两投影互为亲似图形。

今以铅垂面 R 为例,如图 3-42(a)所示,可以看出其投影即具有上述投影特点;图 3-42(b)为迹线表示的形式;图 3-42(c)为三角形表示的形式。

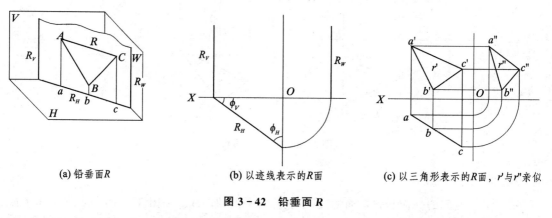

(a) 铅垂面 R　　　　(b) 以迹线表示的 R 面　　　　(c) 以三角形表示的 R 面, r' 与 r'' 亲似

图 3-42　铅垂面 R

同理可知:正垂面(见图 3-43)、侧垂面(见图 3-44)的投影,也同样具有上述特点。

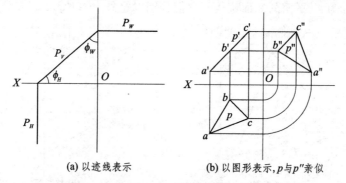

(a) 以迹线表示　　　　(b) 以图形表示, p 与 p'' 亲似

图 3-43　正垂面 P

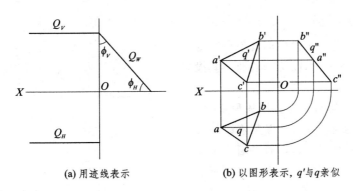

(a) 用迹线表示　　　　　(b) 以图形表示, q' 与 q 亲似

图 3-44　侧垂面 Q

（2）平行于投影面的平面

在三投影面体系中,平行于一个投影面的平面,称为投影面平行面。投影面平行面必然垂直于其他二投影面,故可称双投射面。平行于 V 面的平面称为正平面,如图 3-45 所示;平行于 H 面的称水平面,如图 3-46 所示;平行于 W 面的称侧平面,如图 3-47 所示。

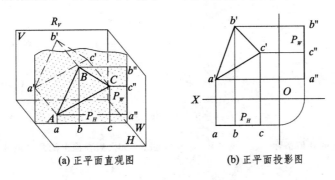

(a) 正平面直观图　　　　　(b) 正平面投影图

图 3-45　正平面

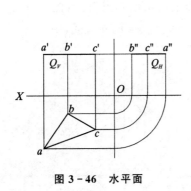

图 3-46　水平面

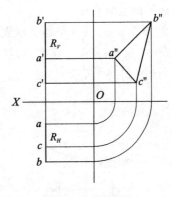

图 3-47　侧平面

投影面平行面的投影特点如下:

① 在平面所平行的投影面上,平面上的图形,其投影反映真形,即具有存真性。

② 平面的其他两投影,分别积聚为直线段,并平行于相应的投影轴(详见图 3-45 至图 3-47 各投影图)。

2. 一般位置平面

空间平面与任意一个投影面既不平行也不垂直,即为一般位置平面,简称一般面。其投影表现如下:

① 没有一个投影具有存真性和积聚性。

② 平面如以迹线表示时,三条迹线与投影轴倾斜相交,如图 3-41 所示;若平面为平面图形,则三个投影互为亲似形,如图 3-48 所示。

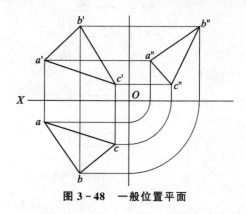

图 3-48　一般位置平面

3.9.3　平面上的点和直线

1. 点和直线在平面上的几何条件

点在平面上,必须在平面的一条已知直线上,如图 3-49 所示。

直线在平面上,必须过平面上两已知点,或过平面内一已知点且平行于面上另一已知直线,如图 3-50 所示。

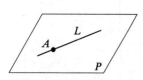

图 3-49　点在面上的几何条件

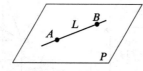

(a) L 过面上两已知点 A 和 B

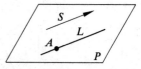

(b) L 过面上已知点 A 且平行于线 S

图 3-50　线在面上的几何条件

2. 基本作图问题

(1) 在平面上取直线

由几何条件可知:要在平面上取直线,必须先在平面上取两已知点,再由此两点决定此直线,如图 3-51 所示;或取一已知点,过此点作直线平行于面上另一已知直线,由一点一方向决定此直线,如图 3-52 所示。

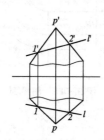

图 3-51　两点 I、II 定直线 L

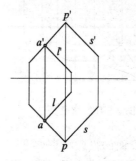

图 3-52　一点 A 和一方向 S 定直线 L

若直线在平面上,则可由直线的已知投影求得直线的未知投影,如图 3-53 所示。

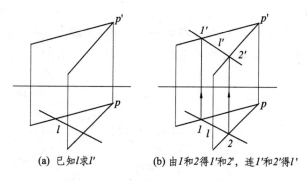

(a) 已知l求l'　　　　(b) 由1和2得1'和2',连1'和2'得l'

图 3-53　面上取线的投影作图(一)

(2) 在平面上取点

在平面上取点,按几何条件应先在平面上取线。直线确定后,该直线上所有点皆在平面上,则可由点的已知投影,求得点的未知投影,如图 3-54 所示。

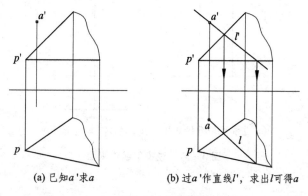

(a) 已知a'求a　　　　(b) 过a'作直线l',求出l可得a

图 3-54　面上取点的投影作图(二)

(3) 过点、直线作平面

过点、直线作平面,就是在平面上取点、取线的逆作图。

1) 过直线作平面

由于直线和平面都有一般和特殊的不同位置,因而过直线作平面,应先分析已知条件及作图可能性。

● 过一般直线作平面:可以作一般面(见图 3-55(a))、投射面(见图 3-55(b)、(c)、(d)),但不能作投影面平行面,因直线的方向已定。

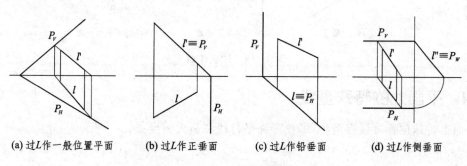

(a) 过L作一般位置平面　　(b) 过L作正垂面　　(c) 过L作铅垂面　　(d) 过L作侧垂面

图 3-55　过一般位置直线作平面

● 过特殊直线作平面：

过投影面平行线,可以作相应的投影面平行面(见图 3 - 56(a))、相应的投射面(见图 3 - 56(b))及一般位置的平面(见图 3 - 56(c))。

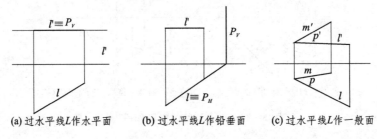

(a) 过水平线L作水平面   (b) 过水平线L作铅垂面   (c) 过水平线L作一般面

图 3 - 56 过平行线作平面

过投射线可以作相应的投射面(见图 3 - 57(a))、投影面平行面(见图 3 - 58(b))。

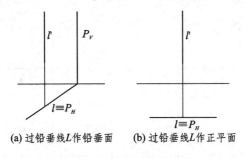

(a) 过铅垂线L作铅垂面   (b) 过铅垂线L作正平面

图 3 - 57 过投射线作平面

2) 过点作平面

过一点可以作各种位置的平面,既可以作一般面,也可以作特殊面,视问题需要而定。如图 3 - 58 所示,过已知点 A 可作一般面(见图 3 - 58(a)),也可作正垂面(见图 3 - 58(b))及水平面(见图 3 - 58(c)),还可作出合乎其他要求的平面。

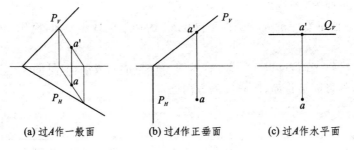

(a) 过A作一般面   (b) 过A作正垂面   (c) 过A作水平面

图 3 - 58 过点作面

3.9.4 平面上的特殊直线

平面上特殊位置直线有两种,即投影面平行线和最大斜度线。

1. 平面上的投影面平行线

(1) 定　义

平面上与投影面平行的直线,称为主直线。这样的直线有三组:正平线、水平线和侧平线。

(2) 投影特点

① 满足直线在平面上的几何条件。

② 具有一般投影面平行线的特点。

(3) 主直线平面

过平面上一点 A,作一对相交的主直线:一条是水平线 M,另一条是正平线 N,如图 3 - 59 所示。用此一对相交的主直线来表示该平面,称为主直线平面。主直线平面作图简单,且易于想像其空间位置,因此常用。

例 3 - 11　已知△ABC 给定一平面图,试过 A 点作属于该平面的水平线,过 C 点作属于该平面的正平线。

解　水平线的正面投影总是平行 OX 轴的,因此先过 a' 作 $a'e'$ 平行于 OX 轴,与 $b'c'$ 交于 e';在 bc 上标出 e,连接 ae;AE(ae 和 $a'e'$)即为所求水平线。同理,过 C 点作 CD 平行于 OX 轴,然后作出 $c'd'$,CD(cd 和 $c'd'$)即为所求正平线,如图 3 - 60 所示。

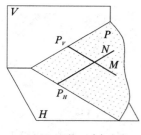

(a) M、N是一对主直线

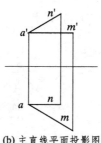

(b) 主直线平面投影图

图 3 - 59　用主直线表示平面

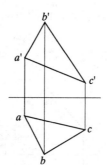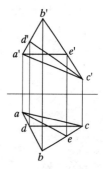

图 3 - 60　在已知平面上作面平行线

2. 最大斜度线

(1) 定　义

平面上垂直于该平面的投影面平行线的直线,称为该平面的最大斜度线。这种直线表示了平面的最大倾斜度,亦即该直线与投影面之倾角最大。

由于投影面平行线有三组,所以最大斜度线也有三组:垂直于水平线的直线,称为对 H 投影面的最大斜度线;同理,对 V 面和 W 面的最大斜度线如图 3 - 61 所示。

(2) 最大斜度线的斜度为最大的证明

如图 3 - 62 所示,设 AB 直线为 P 平面上对 H 面的最大斜度线;AB_1 为 P 平面上另一倾斜直线。它们与 H 面的倾角分别为 θ_H 与 θ_1。

比较两角∠ABa 和∠AB_1a,Aa 为公用边,由于 $B_1a > Ba$,故知 $\theta_H > \theta_1$,如图 3 - 62(b) 所示。

又因 $AB \perp P_H$,故 $aB \perp P_H$。由 a 点到 P_H 直线的距离只有垂线为最短,从而得知 θ_H 为最大。

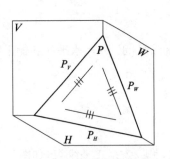
图 3-61　三组最大斜度线

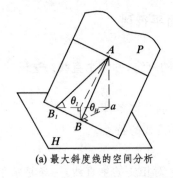

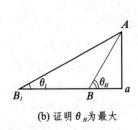

(a) 最大斜度线的空间分析　　(b) 证明 θ_H 为最大

图 3-62　最大斜度线的证明

(3) 最大斜度线的投影特点

因最大斜度线垂直于投影面平行线,故知该直线的一个投影必垂直投影面平行线的同名投影。最大斜度线与其相应投影面的倾角,即为该平面与该投影面之倾角,称为平面的坡角。利用最大斜度线可求得平面的坡角。因此,利用最大斜度线就把求平面坡角问题,转化为求线的倾角问题,从而使问题得到简化。

(4) 应用举例

例 3-12　求△ABC 与 V 面的坡角如图 3-63 所示。

解　作出△ABC 上对 V 面的最大斜度线 BE,再求出 BE 线与 V 面的倾角 θ_V,即为所求的坡角。具体作图如下(见图 3-63(b)):

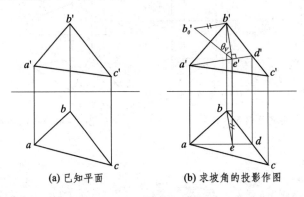

(a) 已知平面　　　　(b) 求坡角的投影作图

图 3-63　求平面的坡角

① 过 A 点作正平线 AD,画出其 V、H 投影;

② 过 B 点作对 V 面的最大斜度线 BE,其 V 投影 $b'e'\perp a'd'$,据此,再求得 BE 的 H 投影 be;

③ 用直角三角形法求出 BE 线与 V 面的倾角 θ_V,即为所求的坡角。

例 3-13　过直线 AB,如图 3-64(a)所示,求作一平面 P,使 P 平面与 H 面的坡角为30°。

解　已知所求平面 $\theta_H=30°$,所以只要过 AB 作一条对 H 面最大斜度线即可;又因 AB 为水平线,故此题解法为:在 AB 线上任取一点 C,作 $CD\perp AB$,则 CD 线为所求平面 P 对 H 面的最大斜度线,该直线与 H 面的坡角应为30°。据此,应用直角三角形法可求得另一点 D。AB 与 CD 两相交线所决定的平面即为所求的平面 P。具体作法见图 3-64(b)。

若给定直线 AB 非水平线,应如何求解?

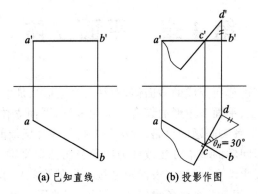

(a) 已知直线　　　　　(b) 投影作图

图 3 - 64　过线作与 H 面成坡角的平面

第4章　平面立体

平面立体是由平面多边形所围成的多面体,而平面多边形又是由点和直线组成。因此,可以说平面立体就是点、直线、平面多边形的综合。由此可见,平面立体的投影问题并没有什么新的内容,只不过要求注重解决问题的思路、方法和更高的综合想像能力而已。

解决平面立体的投影问题的基本方法被称为线面分析法。平面立体的投影,实际上是组成该物体的各个表面的投影综合,而这些表面都是按一定的形状要求和连接方式构成的。因此,只要画出各个表面及其相互关系的各投影,就可以在投影图上表示出物体的形状。构成平面立体的各表面虽然形状各异,但其空间位置只有三种情况:投影面平行面、投影面垂直面和一般位置平面。以看图为例:从投影图上一个一个的封闭线框入手,并根据投影对应规律找出与之对应的另外两个投影,从而分析出各个表面的空间方位和形状,最后就可以综合想像出物体的形状。

解决平面立体的投影问题,经常用到以下的基本知识和基本概念:

● 各种不同位置的直线和平面的投影特性。
● 投影图中一个封闭的线框一般表示物体的一个表面的投影。
● 投影图中的图线,有的是一个平面积聚成的线段,有的是表示两平面的交线。
● 空间平面多边形与它的投影之间及投影与投影之间都具有亲似性。

4.1　平面基本几何体

平面基本几何体分为两大类:棱柱体和棱锥体。棱柱体中互相平行的两个平面称为棱柱的底面,其余各平面称为棱柱的侧面,侧面与侧面的交线称为棱柱的侧棱。棱锥体由底面、锥顶和若干个侧面组成。棱锥的底面是多边形,侧面都是三角形。其各侧面的交线,也称为侧棱。

图 4-1 和图 4-2 分别为正三棱锥和正六棱柱的三面投影图。

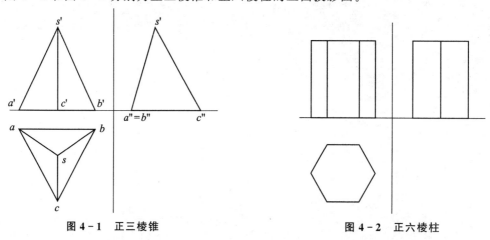

图 4-1　正三棱锥　　　　　　　　　　图 4-2　正六棱柱

下面以三棱锥的三面投影为例,进行线面分析。根据投影对应规律可以看出,它的三条侧棱中 SA 和 SB 是一般位置直线,SC 是侧平线;组成底面的三条边都是水平线,其中 AB 为侧垂线,其 W 投影积聚为一点。棱锥上的各面:△SAC 和△SBC 为一般位置平面;△SAB 为侧垂面,其 W 投影积聚成一直线段;底面△ABC 为一水平面,因而它的 H 投影反映真实形状。

只有把图上每一条线和每一个面的性质都了解得清清楚楚,才能对所看到的图形有比较深刻的理解。

4.2　切割型平面立体

切割型平面立体是由一个基本几何形体被若干个不同位置的截平面切割而成。如图 4-3 所示物体,可看作是一个长方体被一个垂直于 V 面的截平面切去物体左上方的一个角,然后被两个垂直于 H 面的截平面切去物体前后两个角而形成。

例 4 - 1　分析如图 4-4 所示的物体。

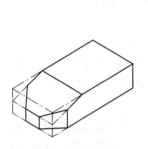

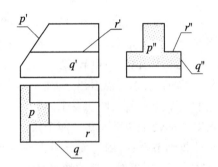

图 4 - 3　棱柱体的切割　　　　　　　图 4 - 4　线面分析

分析　根据三个投影的最大线框来分析,主体是一个棱线垂直于 W 面的"凸"形棱柱体,它的各个侧面和端面都分别平行于 V、H、W 面。棱柱体的左上角被一个垂直于 V 面的截平面切去一个角,如果把这个截平面与棱柱表面的截交情况分析清楚了,这个图也就看懂了。首选从 H 投影的封闭线框 P 入手,根据投影对应关系,在 V 投影上找不出与它相亲似的封闭线框,只能积聚成一斜直线 P'。因此,P 平面是一个正垂面。根据投影对应关系很容易找到封闭线框 p"。p 和 p"具有亲似性。其他表面如 Q(q'、q、q") 为正平面,R(r'、r、r") 为水平面。

例 4 - 2　分析如图 4-5 所示的物体。

分析　根据三个投影上的最大线框来分析,主体是一个长方体,长方体的左上角被两个截平面切去一部分。这两个平面是怎样分析出来的?它们的位置又怎样?下面从封闭的线框入手,用线面分析的方法来分析这两个平面。从 H 投影可以看到封闭线框 a,根据投影对应关系,在 V 投影中找不出与它相亲似的封闭线框,只能积聚成一段直线 a',这就可以肯定该平面是一个水平面。根据投影对应关系很容易找到 a"。从 H 投影中还可以看到平行四边形 □1234,且 12//34;在 V 投影中与之相对应的是平行四边形 □1'2'3'4' 和 1'2'//3'4';在 W 投影中与之相对应的是平行四边形 □1"2"3"4" 和 1"2"//3"4"。由于这个平面的三个投影都是具有亲似性的四边形,所以它是一个一般位置平面。综上所述,物体是一个长方体被一个水平面和一个一般位置平面切割而成。

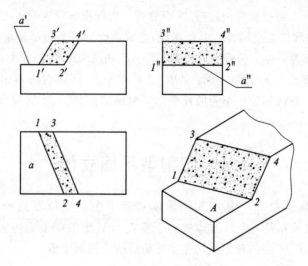

图 4 - 5 分析形体

在分析物体的投影图时,必须将几个投影联系起来分析,切忌把各个投影割裂开来,从一个投影就下结论。这也是初学者容易产生的不正确思想方法。

例 4 - 3 已知物体的 V 和 W 投影,画出 H 投影,如图 4 - 6 所示。

解 从 V 和 W 投影可以看出,物体基本上是一个长方体,从 V 投影看出物体的左上部被一个侧平面和一个正垂面共同切去了一部分。从其交线的投影 $1''2''$ 变短可以看出,物体左上部的前后被对称的两个侧垂面切去两个角。

进一步分析细节形状,用线面分析方法分析每个表面的空间位置和形状。如 $P(p', p'')$ 为正垂面,$Q(q', q'')$ 为侧垂面等。如果已知每一个平面的两个投影,就可以画出它们的第三个投影。如图 4 - 7 是 Q 平面的三面投影,q 和 q' 具有亲似性。这样,就可以逐步地把物体的 H 投影画出来。

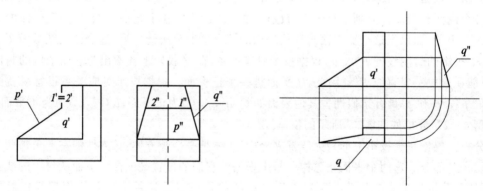

图 4 - 6 已知物体的 V 和 W 投影,画出 H 投影   图 4 - 7 Q 平面的三面投影

因为物体基本上是一个长方体,所以 H 投影可以先画出一个长方形,然后逐个画出其他表面的 H 投影,如图 4 - 8 所示。

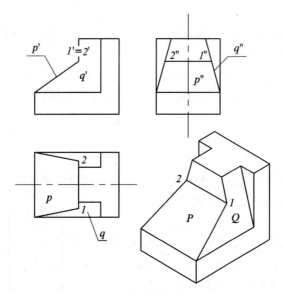

图 4-8　求出物体的 *H* 投影

4.3　相贯型平面立体

两个平面立体相贯是一种常见的零件结构形式。在前述线面分析方法的基础上,正确解决这类问题的投影,主要是正确分析和处理它们之间的分界线,即两个平面的交线。例如图 4-9 中表示的 12,23,34,15 各线就是。

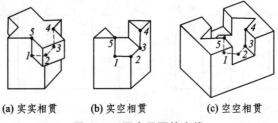

(a) 实实相贯　　　(b) 实空相贯　　　(c) 空空相贯

图 4-9　两个平面的交线

4.3.1　几何分析

遇到这类物体时,首先对它进行形体分析,如图 4-9(a)所示,是两个四棱体相贯。在分析过程中遇有空腔、槽及孔等,同样把它当作一个形体来看待,如图 4-9(b)和(c)所示;同时还可以进一步分析,不论所讨论的面是零件实体的外表面还是空腔的内表面,从几何元素的抽象性来说都是没有厚度的平面。图 4-9 所示的三种情况,虽各不相同,但都可抽象为图 4-10(a)所示的几何模型。因此,皆可按交线是两平面的公共线这一几何性质分

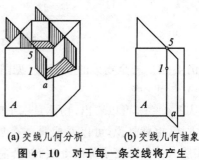

(a) 交线几何分析　　(b) 交线几何抽象

图 4-10　对于每一条交线将产生
交线的两个平面

别求各平面的交线。

对于每一条交线,还可以进一步将产生交线的两个平面,单独抽象出来进行分析,如图 4-10(b)所示的 A 和 a 平面那样。

从上述分析可以看出,在具体作图时应该注意:① 根据两个有限表面的相对位置分析是否有交线产生;② 根据两个表面的相对位置分析交线的位置和方向;③ 根据两个表面的有限范围确定交线的长短。

4.3.2 投影分析

以上对物体的空间性质进行了几何分析,下面再回到投影图上作一些讨论。

从图 4-11 可看出,由于 $a \perp H$,$A \perp H$,其 H 投影相交,所以存在交线。交线 15 的 H 投影积聚为一点,$1 \equiv 5$。由于 $a \perp V$,故 $1'5'$ 满足积聚性,与 a 面的 V 投影重合。由 15 和 $1'5'$ 可求出 $1''5''$。$1'5'$ 和 $1''5''$ 都反映真长,并且都垂直于相应的投影轴。交线 34 的分析相同。另外,正垂方柱的底面与铅垂方柱的四个侧面的交线 12 和 23 的投影都满足积聚性,不需要另外作图。但从其相对位置来看,其 H 投影皆不可见,故画成虚线。

图 4-12 表示了交线相同,而物体的实体或空腔有些变化的情况,其交线的性质都一样,请读者自行分析。

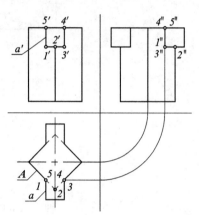

图 4-11 投影分析

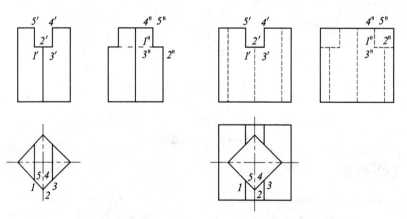

图 4-12 物体空腔交成的投影

例 4-4 补全物体的 V 投影(见图 4-13)。

1) 空间分析

从图 4-13 可以看出,物体是一个四棱锥,然后沿着 45°方向平行四棱锥的底面加工出一个长方槽,也就是说,可以看成是一个四棱柱(空腔)与四棱锥相贯。因此,补全物体的 V 投影,实质上就是画槽子的两个侧面(铅垂面)和底面(水平面)与四棱锥侧面的交线,同时还要判断其可见性。

在分析 H 投影时应注意,长方形线框 1234 所包含的范围是槽子底面的投影,而线段 12 和 34 是槽子底面与四棱锥两个侧面交线的投影。线段 25,56,63,17,78 和 84 是槽子两个侧面与四棱锥侧面交线的投影,它们与槽子侧面的 H 投影相重合。这些交线在空间构成一条封闭的空间折线。

2)投影作图

根据交线是两个面的公共线这一性质,可以把上述空间折线(交线)看成是四棱锥侧面上的线。然后,把问题转化成已知四棱锥侧面上直线的一个投影求另一个投影的问题,面上取点取线的问题。在作图时,一方面根据投影对应规律来进行,同时还要有意识地分析各交线之间的几何关系,以便更准确地画出投影图来。如在空间 12,34,56 和 78 分别平行四棱锥底面的边线,则它们的同名投影应互相平行;又如在空间 25//17,36//48,则它们的同名投影 $2'5'//1'7',3'6'//4'8'$。具体作图及可见性判断见图 4-14。

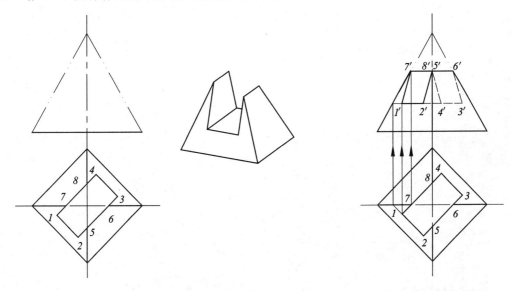

图 4-13 补全物体的 V 投影　　　　　图 4-14 投影作图

从上面几个实例的投影分析中可以看出,两个实体直贯后,其投影只有很小的变化,因此作题时,可以先将两形体都画出,然后只将其中几条线的投影适当改变即可。通常,形体 A 被形体 B 相贯,即形体 A 的外形线已不存在了,它会被平面的交线代替。这一投影规律被称为外形线退缩,它对今后作图是很有帮助的,如图 4-15 所示。

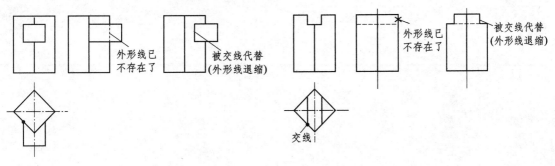

图 4-15 外形线退缩投影作图

综上所述,平面立体的形状可能是多种多样的,但解决问题的思路和方法是一致的,归纳如下:

① 形体分析能力,即善于把组合体分解成基本几何形体的能力。

② 几何抽象能力,即善于把物体的内外表面、棱线抽象成几何元素点、线、面来认识和处理它们的投影问题。

③ 线面分析方法,即根据投影对应规律,分析组成物体的每一个表面的形状和它们的相互位置(包含它们之间的交线),达到综合认识、想像物体的形状和解决投影作图问题的目的。

第 5 章　基本旋转体

曲面立体有简单和复杂之分。这里先介绍一些基本旋转体,再介绍由基本旋转体组合成的较复杂的曲面立体。

5.1　基本旋转体的形成

基本旋转体是指圆柱体、圆锥体、圆球体和圆环体。它们是由旋转面或旋转面和平面组成的立体。基本旋转体由于工艺和结构简便,在一般零件中大量采用。

旋转面的形成如图 2-7 所示。

① 圆柱面的形成　由一根与轴线平行的直母线绕轴线旋转而形成。

② 圆锥面的形成　由一根与轴线相交的直母线绕轴线旋转而形成。

③ 圆球面的形成　由一个圆心位于轴线上的半圆母线绕轴线旋转而形成。

④ 圆环面的形成　由一个圆心不在轴线上,但与轴共面的圆母线绕轴线旋转而形成。

根据旋转面的形成,可以清楚地看到:母线在绕轴线旋转形成曲面的过程中,母线上每一点(例如 M 点)所走过的轨迹是一个圆。这个圆称为纬圆。这些圆垂直于旋转轴,圆心在轴线上(即轴线与圆平面的交点),半径就是母线上的点到旋转轴线的垂直距离。当一垂直于轴线的截平面与旋转面相交时,它们的交线都是圆,如图 2-2 所示。因此,得出旋转面的一个重要的基本性质:任何旋转面的正截口是圆。在与轴线垂直的投影面上,此圆的投影反映真实形状;在与轴线平行的投影面上,此圆积聚成与轴线垂直的一直线段。

上述基本性质是十分重要的,是分析和解决旋转面上许多问题的基本依据。

5.2　基本旋转体的投影

常见到的基本旋转体,其轴线多为投影面垂直线。因为旋转面是光滑的,没有明显的棱线,所以,在解决这种位置旋转面投影画法问题时,很重要的一点就是要搞清楚该旋转面各投影外形线及其投影对应关系。

5.2.1　圆柱体

图 5-1 所示的圆柱体的轴线是铅垂线。它的水平投影为一圆,有积聚性,圆柱面上任何点和线的水平投影都积聚在这个圆上。圆柱体的其他两个投影是形状相同、大小相等的两个长方形线框。

图 5-1(a)表示了圆柱面向 V 面投影时,必有一组投影线与圆柱面相切,形成两个与圆柱面相切于素线 AA_1 和 BB_1 的切平面,素线 AA_1 和 BB_1 与它们的 V 投影 $a'a_1'$ 和 $b'b_1'$ 就是圆柱面的 V 投影外形线。同时还可以看出,对 V 方向而言,外形线 AA_1 和 BB_1 将圆柱面分为可见与不可见的两部分,前半部可见,后半部不可见。

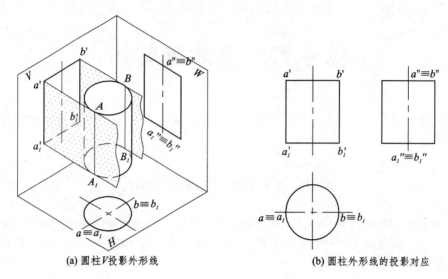

(a) 圆柱V投影外形线　　　　　　　(b) 圆柱外形线的投影对应

图 5-1　圆柱面向 V 面投影

由于旋转面是光滑的,所以 AA_1 和 BB_1 的 W 投影没有必要画出。但其对应位置 $a''a''_1$ 和 $b''b''_1$ 与轴线重合;其 H 投影积聚成点 $a\equiv a_1, b\equiv b_1$。

图 5-2 则表示了旋转面外形线的另一个特点——外形线的方向性,即外形线是随着投影方向而变化的。不同方向的外形线对应着旋转面上不同位置的素线。CC_1 和 DD_1 是圆柱面上 W 方向的外形线。对 W 方向而言,它们将圆柱面分成两部分,左半部可见,右半部不可见。$c''c''_1$ 和 $d''d''_1$ 是圆柱面的 W 投影外形线,CC_1 和 DD_1 的 V 投影 $c'c'_1$ 和 $d'd'_1$ 与轴线重合;其 H 投影积聚成点 $c\equiv c_1, d\equiv d_1$。

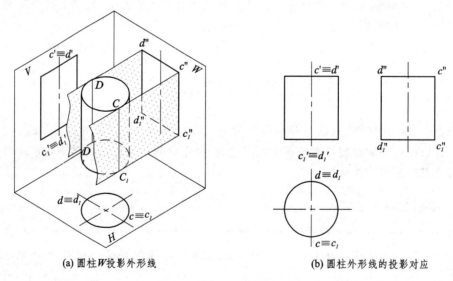

(a) 圆柱W投影外形线　　　　　　　(b) 圆柱外形线的投影对应

图 5-2　圆柱面向 W 面投影

5.2.2　圆锥体

图 5-3 所示的圆锥体的轴线垂直于 H 面,其 V 和 W 投影是两个全等的等腰三角形,其

H 投影无积聚性,顶点 S 的 H 投影 s 与圆锥底圆中心 H 投影——圆的中心重合。

　　圆锥面的投影外形线与圆柱面的投影外形线概念是一致的。图 5-3 和图 5-4 表示了圆锥面的投影外形线及其投影对应关系。

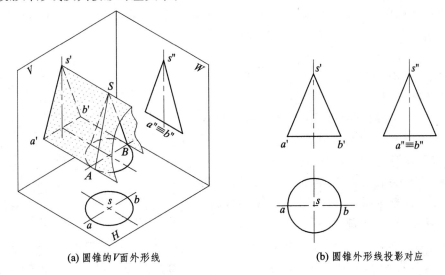

(a) 圆锥的 V 面外形线　　　　　　　　(b) 圆锥外形线投影对应

图 5-3　圆锥面的 V 投影外形线

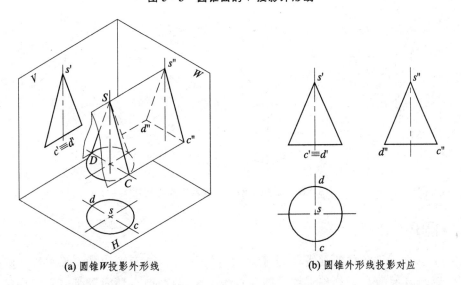

(a) 圆锥 W 投影外形线　　　　　　　　(b) 圆锥外形线投影对应

图 5-4　圆锥面的 W 投影外形线

　　图 5-3 所示的 $s'a'$ 和 $s'b'$ 是圆锥面的 V 投影外形线,它们在 H 和 W 投影中没有明显的线,但有它们的对应位置。在 H 投影中,sa 和 sb 与通过圆心的水平中心线重合;在 W 投影中,$s''a''$ 和 $s''b''$ 与圆锥轴线重合。对 V 方向而言,圆锥面的 V 投影外形线 SA 和 SB 将圆锥面分为两部分,前半部可见,后半部不可见。

　　图 5-4 所示的 $s''c''$ 和 $s''d''$ 是圆锥面的 W 投影外形线,它们在 V 和 H 投影中没有明显的线,但有它们的对应位置。$s'c'$,$s'd'$ 和 sc,sd 分别与 V 和 H 投影中的垂直中心线重合。对 W 方向而言,圆锥面的 W 投影外形线 SC 和 SD 将圆锥面分成两部分,左半部可见,右半部不可见。

5.2.3 圆球体

图 5-5 表示了圆球面的三面投影情况。对一个完整的圆球面而言,它的 V,H,W 投影都是直径相等的圆,其大小等于圆球的直径。这三个圆 k',l,m'' 就是圆球面的 V,H,W 投影外形线,它们是三个方向的大圆 K,L,M 的投影。

图 5-6 表示了圆球面的投影外形线及其投影的对应关系。球面上大圆 K 的 V 投影是圆 k'',其 H 投影 k 和 W 投影 k'' 均与中心线重合,不必画出。其他两个大圆 L 和 M 的投影,在三个投影上的对应关系也是类似的,读者可根据图自行分析。

关于可见性问题:对 V 方向而言,以大圆 K 为界,将圆球面分为前、后两部分,前半部可见,后半部不可见;对 H 方向而言,以大圆 L 为界,将圆球分为上、下两部分,上半部可见,下半部不可见;对 W 方向而言,以大圆 M 为界,将圆球面分为左、右两部分,左半部可见,右半部不可见。

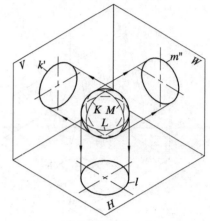

图 5-5　圆球面在三个投影面上的投影

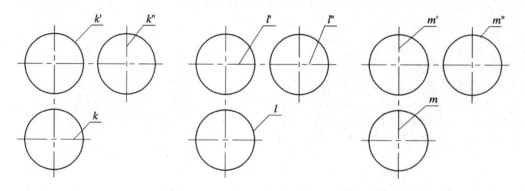

图 5-6　圆球面投影的外形线及其投影对应关系

5.2.4 圆环体

图 5-7(a) 所示圆环体的轴线与 H 面垂直,图 5-7(b) 表示了它的三面投影。圆环体由圆环面围成,圆环面的 V 投影外形线由圆和直线组成,圆即产生环面母线的真实形状。每个圆的外侧一半可见,表示外环面,画粗实线;内侧一半为不可见,表示内环面,画虚线。直线为二母线圆的公切线,它是圆环最高线(圆)的 V 投影,其水平投影与圆环中心线点画线圆重合。圆环面的 H 投影外形线是同心的大圆和小圆(圆环面的赤道圆和喉圆的投影),也是圆环面在 H 面上可见与不可见的分界线。点画线圆的直径等于 V 投影中两个小圆的中心距离。此外,点画线圆还是内外环面的分界线。点画线圆以外部分是外环面,点画线以内部分是内环面部分。圆环面的 W 投影形状与 V 投影相同,但它表示的却是左半环面。

图 5-8 至 7-11 所示为圆环面投影外形线的对应关系。

图 5-8 所示的 V 投影中两个外形线圆 d' 与轴线在同一个平行于 V 面的平面内。所以,

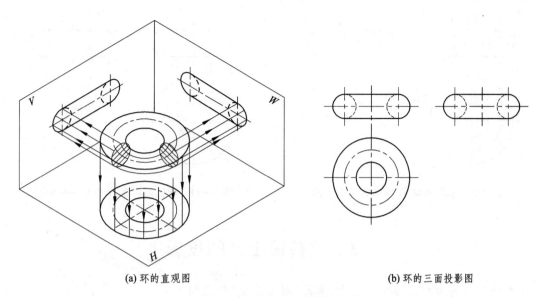

(a) 环的直观图　　　　　　　　　　(b) 环的三面投影图

图 5 - 7　圆环体的三面投影

它们的 H 和 W 投影积聚为一直线。其对应位置：d 与水平中心线重合；d'' 与轴线重合。同理，可分析 W 投影两个外形线圆的投影对应关系。

图 5 - 9 中 V 和 W 两个外形线圆的公切线 d'、d'' 和 t'、t'' 也是圆环面在 V 和 W 投影中的外形线。它们对应于实物上的两个圆——$M(m',m)$ 和 $N(n',n)$ 点在圆环面形成过程中的运动轨迹，在 H 投影的对应位置与点画线圆重合。圆 D 和 T 把完整的圆环面分为外环面和内环面。在绕轴线旋转过程中，半圆 $M3N$ 的轨迹形成外环面，而半圆 $M4N$ 的轨迹形成内环面。

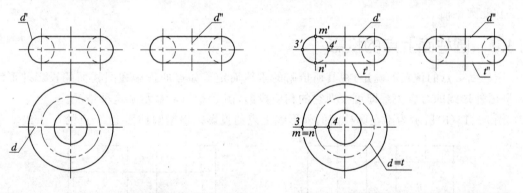

图 5 - 8　V 投影中两个外形线圆的投影对应关系　　**图 5 - 9　圆环面在 V 和 W 投影中的外形线**

图 5 - 10 中 H 投影外形线圆 l 在 V 和 W 投影中积聚为直线 l' 和 l''，其对应位置与两外形线圆中心的水平线重合。对 H 方向而言，L 是外环面上半部与下半部的分界线，上半部可见，下半部不可见。

图 5 - 11 中 H 投影外形线圆 S 在 V 和 W 投影中积聚为直线 s' 和 s''，其对应位置与图 5 - 10 中的 l' 和 l'' 重合且是不可见的，因为 S 和 L 同在一个水平面内。对 H 方向而言，S 是内环面上、下两部分的分界线，上半部可见，下半部不可见。

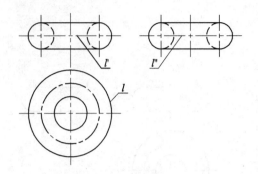

图 5 - 10　圆环外环面 *H* 投影外形线圆

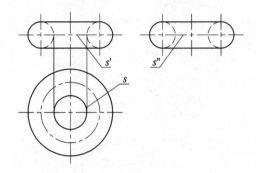

图 5 - 11　圆环内环面 *H* 投影外形线圆

5.3　旋转面上点的投影

要确定旋转面上点的投影,必须满足"面上取点"的几何条件,即首先过该点在曲面上取一条辅助线,先求出此辅助线的投影,再根据从属性确定点的投影。不过,在曲面上取辅助线时应取最简单易画的线——圆或直线。这就需要根据曲面的性质和作图方便来选取。对圆柱面和圆锥面,既能选取纬圆,又能选取直线;对圆球面和圆环面,则只能选取纬圆。图 5 - 12 所示为旋转面上取点的基本原理。图中,素线 *SB* 或正截口圆 *M* 都在圆锥面上,如果点 *A* 在 *SB* 或 *M* 上,则点 *A* 必在此圆锥面上。

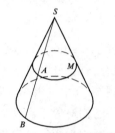

图 5 - 12　旋转面上取点的基本原理

5.3.1　圆柱面上点的投影

圆柱面上点的位置的确定,视其所依附的素线而定。如点的投影在圆柱面的投影外形线上,则由外形线的对应关系即可找到它的相应投影,图 5 - 13(a)显示了这种情况。

图 5 - 13(b)所示为不在圆柱面的外形线上点的投影。根据圆柱面上 *A* 点的 *a'* 求出 *a"* 的

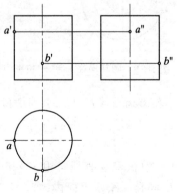

(a) 外形上点的投影对应

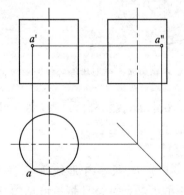

(b) 圆柱面一般点的投影作图

图 5 - 13　圆柱面上点的投影

作图过程是:已知 a',就可以利用圆柱在 H 面上有积聚性求出 a,然后根据点的两个投影 a' 和 a 求出第三个投影 a''。

5.3.2　圆锥面上点的投影

如果点的投影在圆锥面的外形线上,则由外形线的对应关系即可确定点的相应投影,如图 5-14(a)所示。若点的投影不在圆锥面的外形线上,即圆锥面的 H 投影没有积聚性可以利用,则可利用"面上取点"的原理,即首先通过该点在圆锥面上取一条辅助线,求出此辅助线的投影,再根据点和线的从属关系定出点的投影。如图 5-14(b)和(c)所示,已知锥面上一点的 a' 求 a 和 a'' 的情形。其中,图(b)所示为过 A 点作一辅助水平面,交圆锥面于一纬圆。该纬圆的 V 投影为过 a' 的一条水平线;其 H 投影为一圆,半径为 cs。然后利用点 A 和纬圆的从属关系,求得 a 和 a''。图(c)所示为过锥顶作辅助线 SB 的方法求 a 和 a''。

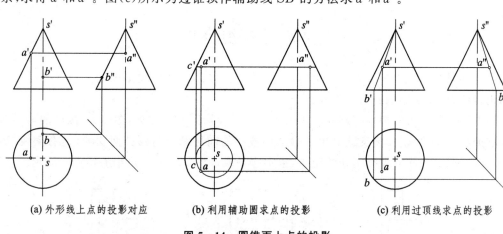

(a) 外形线上点的投影对应　　(b) 利用辅助圆求点的投影　　(c) 利用过顶线求点的投影

图 5-14　圆锥面上点的投影

5.3.3　圆球面上点的投影

如果点的投影在圆球面的外形线上,则由外形线的对应关系即可确定点的投影,如图 5-15 所示。如果点的投影不在圆球面的外形线上,可过此点作平行于某一投影面的辅助平面与圆球面相交于一圆。此圆所平行的投影面上反映真实形状(圆)。然后,利用该点与圆的从属关系,可作出点的各投影,如图 5-16 所示。

设已知球面上一点的 V 投影 a',求 a 和 a''。图 5-16(a)所示为过 A 点作一水平辅助平面 P,P 平面与圆球面相交于一圆,其 H 投影反映真实形状(圆)。再利用点 A 与该圆的从属关系,可定出 a 和 a''。图 5-16(b)所示为过 A 点作平行 W 面的辅平面求 a 和 a''。图 5-16(c)所示为已知 a 求 a' 和 a'',所选辅平面过 A 点且平行于 V 面。

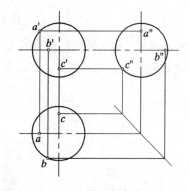

图 5-15　点的投影在圆球面的外形线上

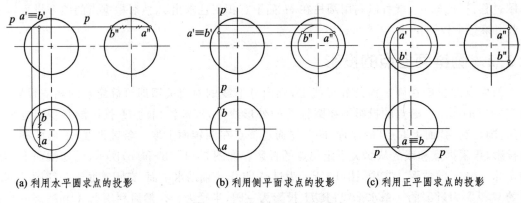

(a) 利用水平圆求点的投影　　(b) 利用侧平面求点的投影　　(c) 利用正平圆求点的投影

图 5-16　圆球面上点的投影

5.4　简单组合体

前述均是介绍单个的旋转体,而实际上物体常是以组合体形式出现的。现举几种常见的简单组合体,以说明不同的组合形式。

图 5-17 所示为四棱柱与圆柱的组合体。在画投影图时应注意:图(a)中棱柱的前后侧面与圆柱面相交于直线,应将交线画出;图(b)中棱柱的前后侧面与圆柱面相切,没有交线,因此不应画线;图(c)中同样没有明显的交线,也不应画线,但 a' 应由 H 投影的切点 a 确定。

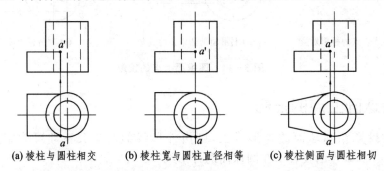

(a) 棱柱与圆柱相交　　(b) 棱柱宽与圆柱直径相等　　(c) 棱柱侧面与圆柱相切

图 5-17　简单组合体的投影

图 5-18 是球与圆柱体的组合体。其中,图(a)中圆柱与球相交,在 V 投影上画出交线;图(b)所示的圆柱直径和圆球直径相等,它们的相互关系为相切过渡,故 V 投影不应画出交线。

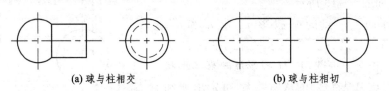

(a) 球与柱相交　　　　　　　　　　(b) 球与柱相切

图 5-18　球与圆柱的组合体

图 5-19 所示为圆柱与圆环组合的几种常见形式。圆柱面与圆环面的连接处,均为相切过渡,因此,在连接处不应画出线。图(a)为圆柱面与外环面相切;图(b)为小圆柱面、大圆柱体端面与内环面相切;图(c)为直径等于圆环面母线圆直径的圆柱面与圆环面相切。

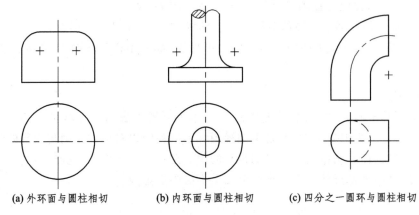

(a) 外环面与圆柱相切　　　(b) 内环面与圆柱相切　　　(c) 四分之一圆环与圆柱相切

图 5-19　圆柱与圆环组合的几种常见形式

5.5　表示物体内部形状的方法——剖视

1. 什么是剖视图

物体上看不见的部分,在投影图上可用虚线表示,如图 5-20 所示。如果物体内部结构较复杂,虚线就很多,影响图形清晰,既不便于看图,又不便于标注尺寸。在实际工作中,常采用剖视方法来表示物体的内部结构,即用一个假想的剖切平面,平行于某投影面,沿物体内部结构的主要轴线将物体全部切开,移去前半部分,将后半部分物体向投影面投影所得到的视图叫做全剖视图,如图 5-21 所示。

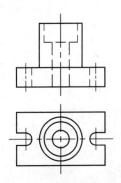

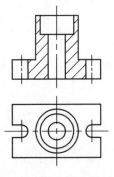

图 5-20　物体上看不见的部分,在
投影图上用虚线表示

图 5-21　用剖切平面把物体剖开

为了区别物体的实体部分和中空部分,按规定将物体与剖切平面接触的部分画上剖面符号。金属材料的剖面符号,其剖面线应画成与水平线成 45°的细实线。同一物体在各个投影上的剖面线方向、间隔应该相同。

2. 画剖视图应注意的问题

画剖视图时应注意的问题如下:

① 用剖切平面把物体剖开得到剖视图是一种假想的方法。所以,当某一个投影画成剖视

后,在画其他投影时,仍应完整画出,如图 5-21 所示的 H 投影。

② 剖切平面一般应通过物体的对称平面或轴线,并平行于某一投影面。

③ 在剖视图中,凡是位于剖切平面后面的可见线,都要用粗实线画出,不能遗漏;不可见线一般不必画出。

3. 半剖视

当物体为对称形状时,常用半剖视表示,即一半画剖视以表示内部形状,一半画外形以表示外部形状。图 5-22 中 V 和 W 都是半剖视图。半剖视图以对称轴作剖与未剖的分界线,在分界处只画点画线,而不画粗实线。半剖视图的优点是在一个投影上,既能表示物体的内部形状,又能表示物体的外部形状。在一半外形图上不必画出虚线。

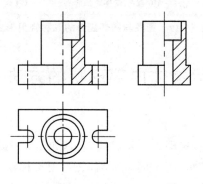

图 5-22 半剖视图

第6章 轴测投影图

6.1 轴测投影

1. 基本概念

(1) 定 义

用平行投影法,选择适当的投影方向,将物体连同其上的直角坐标系,投影到一个投影面上,所得到的投影,称为轴测投影。如图 6-1 所示,物体放置在两投影面体系中,其上的直角坐标轴分别平行于投影轴。现选择对三个投影面都倾斜的直线 S 作为投影方向,则在不与 S 平行的平面 π 上,就可得到物体有立体感的单面平行投影,即其轴测投影。

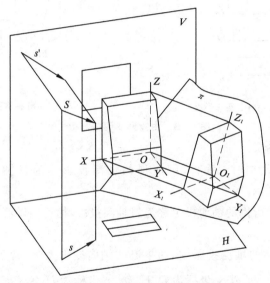

图 6-1 物体的轴测投影

(2) 轴测轴、轴间角、轴向变形系数

由平行投影的性质可知:

① 空间互相平行的直线,其轴测投影互相平行;

② 同一方向的空间直线段,其轴测投影长与其实长之比相同。此比值称为变形系数。若已知物体上直角坐标系 $O-XYZ$ 的轴测投影为 $O_1-X_1Y_1Z_1$,将后者画在图纸平面上并使 O_1Z_1 轴保持铅直方向,如图 6-2 所示。若又已知沿此三坐标轴方向的变形系数依次为 p,q 和 r,则利用上述性质就可作出物体的轴测投影,如图 6-3

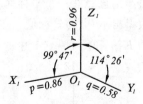

图 6-2 轴测投影性质

所示。以 C_1 点和 D_1F_1 线为例:C 点的轴测投影 C_1 点在 O_1Z_1 轴上,且 $O_1C_1=r\times O'c'$。DF 线的轴测投影为 D_1F_1,其端点 D_1 在过 C_1 的 O_1X_1 的平行线上,且 $C_1D_1=p\times c'd'$;其

端点 F_1 在过 D_1 的 O_1Y_1 平行线上，且 $D_1F_1=q\times df$。其中，p，q，r 是轴的变形系数。

坐标轴 O - XYZ 的轴测投影 O_1 - $X_1Y_1Z_1$ 被称为轴测轴；每两条轴测轴之间的夹角被称为轴间角；沿轴测轴方向直线段的变形系数被称为轴向变形系数。选定投影方向 S 和投影面 π 之后，轴间角和轴向变形系数随之确定；改变投影方向 S 和投影面 π，轴间角和轴向变形系数也随之改变。于是，就可得到各种不同的轴测投影。

已知轴测轴和轴向变形系数，就可直接画出与任一坐标轴平行的直线段的轴测投影。而不平行于任何坐标轴的直线段，就不能直接画出。例如，图 6-3 中的 F_1H_1 线段，就只能定出 F_1 和 H_1 点之后，连接此两点才能画出。根据平行性，与 FH 平行的 MN，其轴测投影 M_1N_1 必平行于 F_1H_1。非轴向的直线段，虽有平行性可以利用，但由于不知沿此方向的变形系数，所以不能直接画出。正由于画轴测投影时，只能沿着轴测轴的方向分别按照各自的轴向变形系数进行测量，对于非轴向的直线段则不能进行测量，所以称为轴测投影。

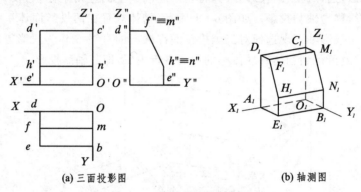

| (a) 三面投影图 | (b) 轴测图 |

图 6-3　由投影图画轴测图

(3) 正轴测和斜轴测

若投影面 π 与投影方向 S 垂直，则所得的轴测投影称为正轴测投影，简称正轴测。图 6-3(b) 就是一种正轴测。

若 π 和 S 不垂直，则所得的轴测投影称为斜轴测投影，简称斜轴测。

(4) 次投影

从带有轴测轴的物体的轴测投影中，如果已知轴向变形系数，常可得出物体上点的坐标值。如图 6-3(b) 中的 F 点，其 y 坐标为 D_1F_1/q、x 坐标为 D_1C_1/p、z 坐标为 C_1O_1/r。但一般情况下，若仅知轴测轴和点的轴测投影如图 6-4(a) 所示，则不能确定该点的坐标值；必须再给出该点在一个坐标面上正投影的轴测投影，例如图 6-4(b) 中的 K_{1V}，才能用轴向变形系数得出 K 点的坐标值。点在坐标面上正投影的轴测投影，称为该点的次投影。图 6-4(c) 中的 K_{1H} 和图 6-4(d) 中的 K_{1W} 都是 K 点的次投影。

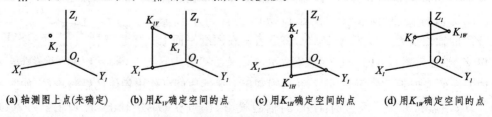

| (a) 轴测图上点(未确定) | (b) 用 K_{1V} 确定空间的点 | (c) 用 K_{1H} 确定空间的点 | (d) 用 K_{1W} 确定空间的点 |

图 6-4　次投影

2．正轴测的轴向变形系数和轴间角

(1) 正轴测的两个定理

图 6-5 表示三投影面体系中的一般位置平面 π。如将 $O-XYZ$ 看作物体上的直角坐标系，将 π 看作轴测投影面，则沿垂直于 π 的投影线将 $O-XYZ$ 投影到 π 上，就得到正轴测的轴测轴 $O_1-X_1Y_1Z_1$。π 的三条迹线 X_1Z_1，X_1Y_1 和 Y_1Z_1 组成的三角形称为迹线三角形。

定理 1　正轴测的三个轴向变形系数的平方和等于 2。

证　在图 6-5 中，轴测轴 O_1X_1，O_1Y_1，O_1Z_1 与物体上对应坐标轴的夹角分别为 α，β 和 γ，投射线 OO_1 与三个坐标轴的夹角（方向角）分别为 α_1，β_1 和 γ_1，由于 OO_1 垂直于 π 平面，所以 $\triangle OO_1X_1$，$\triangle OO_1Y_1$，$\triangle OO_1Z_1$ 都是直角三角形，于是有

$$\alpha = 90° - \alpha_1$$
$$\beta = 90° - \beta_1 \tag{6-1}$$
$$\gamma = 90° - \gamma_1$$

根据轴向变形系数的定义，有

$$p = O_1X_1/OX_1 = \cos \alpha$$
$$q = O_1Y_1/OY_1 = \cos \beta \tag{6-2}$$
$$r = O_1Z_1/OZ_1 = \cos \gamma$$

将式(6-1)代入式(6-2)得

$$p = \sin \alpha_1$$
$$q = \sin \beta_1$$
$$r = \sin \gamma_1$$

三式的平方和为

$$p^2 + q^2 + r^2 = 3 - (\cos^2 \alpha_1 + \cos^2 \beta_1 + \cos^2 \gamma_1) \tag{6-3}$$

由空间解析几何可知

$$\cos^2 \alpha_1 + \cos^2 \beta_1 + cos^2 \gamma_1 = 1 \tag{6-4}$$

将式(6-4)代入式(6-3)得

$$p^2 + q^2 + r^2 = 2 \tag{6-5}$$

定理得证。

定理 2　正等测的轴测轴是迹线三角形的高线。

证　在图 6-5 中，OZ 垂直于 X_1Y_1，X_1Y_1 又在 π 上。根据直角投影定理，O_1Z_1 必垂直于 X_1Y_1，即轴测轴 O_1Z_1 是迹线三角形 X_1Y_1 边的高线。同理可知，O_1Y_1 和 O_1X_1 分别是 X_1Z_1 边和 Z_1Y_1 边的高线，如图 6-6 所示。定理得证。

(2) 正等测的轴向变形系数和轴间角

三个轴向变形系数都相等（$p=q=r$）的正轴测称为正等测。

1) 正等测的轴向变形系数

将 $p=r$ 和 $q=r$ 代入式(6-5)得

$$3r^2 = 2 \tag{6-6}$$
$$r = \sqrt{2/3} \approx 0.82$$

即正等测的三个轴向变形系数均为 0.82，如图 6-7(b)所示。

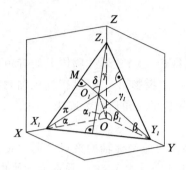

图 6-5　迹线三角形

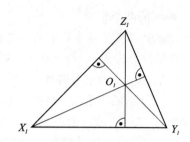

图 6-6　正等测的轴测轴是迹线三角形的高线

2）正等测的轴间角

在图 6-5 中，当 $p=q=r$ 时，π 在 $O-XYZ$ 坐标系中的三个截距必相等，因而迹线三角形的三条边等长，成为等边三角形，如图 6-7(a) 所示。由于轴测轴是迹线三角形的高线，所以两轴间的夹角为 $120°$，即正等测的轴间角均为 $120°$，如图 6-7(b) 所示。

3）正等测的简化变形系数

为便于作图，画正等测时，通常不采用实际轴向系数 0.82，而采用 $p=q=r=1$ 作为轴向变形系数，也就是沿轴测轴方向的直线段的长度按其实长量取，如图 6-7(c) 所示。称 $p=q=r=1$ 为正等测的简化变形系数。这时，所得图形比真实正等测要大，放大为真实投影的 $1/0.82≈1.22$ 倍，但对图形的立体感没有影响。

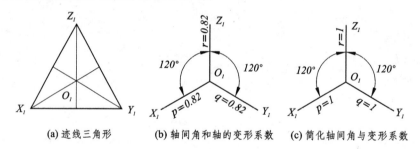

(a) 迹线三角形　　(b) 轴间角和轴的变形系数　　(c) 简化轴间角与变形系数

图 6-7　正等测的轴向变形总数和轴间角

3. 平面立体的正轴测

下面主要叙述由物体的三面投影画其正等测的方法和步骤。一般来说，可分为三步进行：

① 在三面投影中画出物体上的直角坐标系；

② 在适当位置画出对应的轴测轴；

③ 具体画出物体的轴测投影。

由于轴测投影主要起增强立体感的作用，并不用它来度量，所以，常常在画出物体的轴测投影之后，不再保留轴测轴。

为了使图形清晰，轴测投影中一般可不画虚线。

以下各例都采用简化变形系数。

(1) 棱柱体

根据棱柱体的特点，应先画出其可见的底面，再画可见的侧棱，最后画不可见的底面，即以底面为基准面，使之沿侧棱作平移运动，从而生成棱柱体。这一方法称为基面法。

例 6 – 1　画出图 6 – 8(a)所示五棱柱的正等测。

取上底面为基面，定出 3_1 点，画出上底面，如图 6 – 8(b)所示；再画侧棱及下底面，如图 6 – 8(c)所示；判断可见性后，将可见线描深，如图 6 – 8(d)所示。

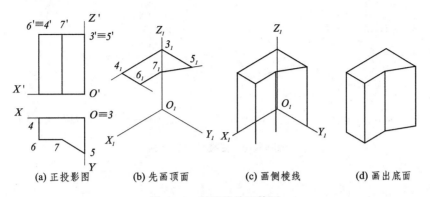

(a) 正投影图　　(b) 先画顶面　　(c) 画侧棱线　　(d) 画出底面

图 6 – 8　五棱柱的正等测

例 6 – 2　画出图 6 – 9(a)所示正六棱柱的正等测。

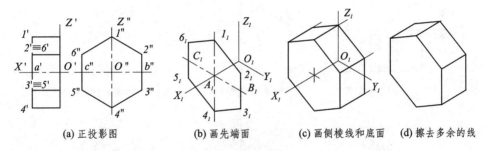

(a) 正投影图　　(b) 画先端面　　(c) 画侧棱线和底面　　(d) 擦去多余的线

图 6 – 9　六棱柱的正等测

为作图方便，将坐标系的 X 轴选为与六棱柱的轴线重合；将基面选为左前端面。在 X_1 轴上量出 A_1 点后，过 A_1 作 O_1Z_1 的平行线，就可量得顶点 1_1 和 4_1，而 6_1 则须过 A_1 作 O_1Y_1 的平行线，量得 B_1 和 C_1，再过 B_1 和 C_1 作 O_1Z_1 的平行线后，才能得出。

(2) 棱锥体

先画底面和顶点，再画各侧棱，就可完成棱锥体的正等测。若为棱锥台，则应先画出顶面和底面，后画各侧棱。

例 6 – 3　画出图 6 – 10(a)所示三棱柱的正等测。

图中所选取的坐标系，是使底面三角形有两个顶点落在两个坐标轴上，以减少画图时量取坐标的次数。由于所有棱线都不平行于坐标轴，所以只能间接画出。

例 6 – 4　画出图 6 – 11(a)所示开槽四棱台的正等测。

先画未开槽时的四棱台，如图 6 – 11(b)所示，然后再画槽的投影。槽有三个表面，这里是先画出底面，然后画出两个侧面。而为了画出槽的底面，又利用了 $Y_1O_1Z_1$ 坐标面与四棱台的截交线 $A_1B_1C_1D_1$，如图 6 – 11(c)所示。在 Z_1 轴上量得 R_1 点后，过 R_1 作 O_1Y_1 的平行线，交出 E_1 和 F_1，过 E_1 和 F_1 作 O_1X_1 的平行线，才能量得槽的底面 $K_1L_1N_1M_1$，如图 6 – 11(d)所示。利用平行性，过 K_1 和 L_1 作 A_1B_1 的平行线，得出 S_1 和 T_1，过 M_1 和 N_1 作 C_1D_1 的平行线，得出 U_1 和 V_1，就完成了槽的两个侧面，如图 6 – 11(e)和(f)所示。

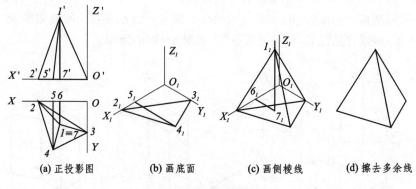

(a) 正投影图　　(b) 画底面　　(c) 画侧棱线　　(d) 擦去多余线

图 6-10　三棱柱的正等测

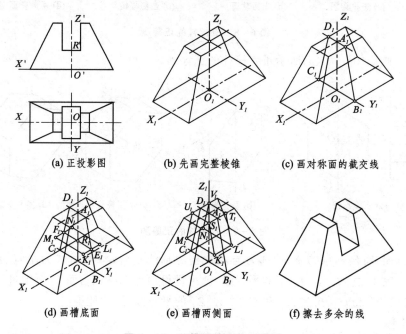

(a) 正投影图　　(b) 先画完整棱锥　　(c) 画对称面的截交线

(d) 画槽底面　　(e) 画槽两侧面　　(f) 擦去多余的线

图 6-11　开槽四棱台的正等测

(3) 正等测中有积聚性的平面

凡与轴测投影面垂直的平面,其正等测积聚为直线。

平面是否与轴测投影面垂直,可在三面投影中进行检查。在图 6-12(a)中,画出了正等测投影面的迹线 π_V, π_H 和 π_W,它们分别与 OX 轴和 OY 轴成 45°角。图中也画出了 π 的法线 S,它的三面投影分别垂直于 π_V, π_H 和 π_W。由于在图 6-12(b)所示物体的 1234 平面上,可以作出 π 的法线,所以平面 1234 是与正等测投影面 π 垂直的,它的正等测 1234 退化为一条直线,如图 6-12(c)所示,而不能画成四边形。

如果物体上很多平面的轴测投影都积聚成直线,就会削弱立体感。例如,图 6-13(a)所示的物体,其正等测如图 6-13(b)所示方孔的两个侧面都积聚为直线,使图形立体感不强,而其正二测(见图 6-13(c))就避免了这一缺点。

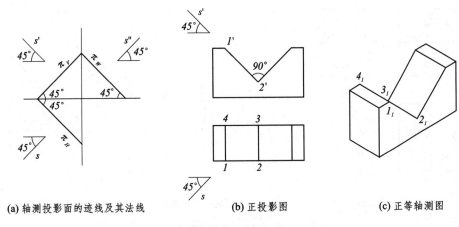

(a) 轴测投影面的迹线及其法线　　(b) 正投影图　　(c) 正等轴测图

图 6－12　正等测中有积聚性的平面的投影

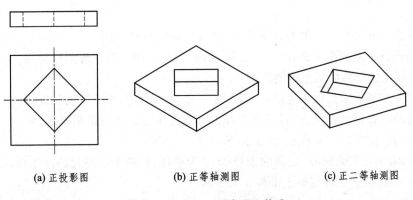

(a) 正投影图　　(b) 正等轴测图　　(c) 正二等轴测图

图 6－13　用正二测表现立体感

4．圆的正等测

这里只讨论平行于坐标面的圆。

(1) 椭圆短轴长度的计算

由前所述知，由倾斜于投影面的圆投影成的椭圆，其短轴与该圆所在平面法线的投影方向相同，短轴的长度等于圆的直径 D 乘以法线对投影面的倾角 θ_H 的正弦。

对于平行坐标面的圆，其法线即为相应的坐标轴，因而该圆的正等测椭圆短轴方向与相应轴测轴相同，长度等于圆的直径 D 乘以相应坐标轴与轴测轴的夹角（即 α,β 或 γ）的正弦。

圆的正等测如图 6－14 所示。

凡平行 XOY 坐标面的圆（水平圆），其正等测椭圆短轴方向与轴测轴 O_1Z_1 相同，短轴长度为

$$2b = D \sin \gamma = D \sqrt{1-\cos^2 \gamma}$$

由式(6－6)可知，正等测的 $\cos r = \sqrt{2/3}$，故有

$$2b = D \sqrt{1-2/3} \approx 0.58D$$

即短轴长度等于 0.58 乘以圆的直径。

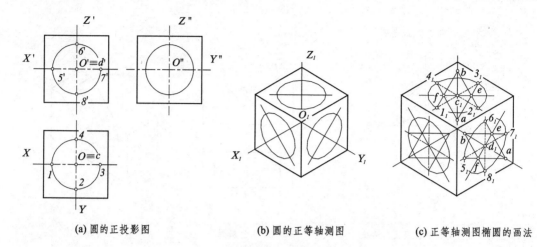

(a) 圆的正投影图　　　　　　　(b) 圆的正等轴测图　　　　　　(c) 正等轴测图椭圆的画法

图 6 - 14　圆的正等测

由于正等测 $\alpha=\beta=\gamma$，所以平行另两个坐标面圆(正平面和侧平面)的正等测椭圆短轴长度与上述相同。

各椭圆长轴分别与自己的短轴垂直，长度等于圆的直径。图 6 - 14(a)是三个不同平面上的圆(水平面、正平面和侧平面)的三面投影，图 6 - 14(b)则为其正等测投影图。

(2) 用简化变形系数画正等测椭圆

当采用简化变形系数画正等测时，为了便于作图，常不去计算短轴长度，而是利用圆上平行于坐标轴的二直径的四端点，过此四点作四段圆弧来近似地画出椭圆，如图 6 - 14(c)所示。这种椭圆的画法如图 6 - 15 所示，作法如下：

① 以椭圆中心 c 为圆心，以圆的半径 $D/2$ 为半径，在椭圆所经过的两条轴测轴上量得四点 $1,2,3$ 和 4，在第三个轴测轴上量得 a 和 b 两点。

② 连接 $b1$ 和 $a4$，它们与长轴共同交于 f 点；连接 $b2$ 和 $a3$，它们与长轴共同交于 e 点。

③ 以 a 点为圆心，$a4$(或 $a3$)为半径，作大圆弧 $\overset{\frown}{43}$；以 b 点为圆心，$b2$(或 $b1$)为半径，作大圆弧 $\overset{\frown}{21}$；以 f 点为圆心，$f1$(或 $f4$)为半径，作小圆弧 $\overset{\frown}{14}$；以 e 点为圆心，$e3$(或 $e2$)为半径，作小圆弧 $\overset{\frown}{32}$。

但这一方法长轴误差较大。图 6 - 16 给出较精确的另一种正等测椭圆画法，作法如下：

图 6 - 15　正等测椭圆的近似画法

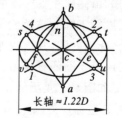

图 6 - 16　另一种正等测椭圆画法

① 以椭圆中心 c 为圆心，以圆的半径 $D/2$ 为半径，在椭圆所经过的两条轴测轴上量得四点 $1,2,3$ 和 4，在第三个轴测轴上量得 a 和 b 两点。

② 以 a 点为圆心，$a4$(或 $a2$)为半径，作圆弧与短轴交于 n 点。

③ 以 c 点为圆心，cn 为半径作圆弧与长轴交于 f 点和 e 点。

④ 连接 af,ae,bf,be,并延长之。

⑤ 以 a 点为圆心,$a4$(或 $a2$)为半径,作大圆弧 $\overset{\frown}{st}$;以 b 点为圆心,$b3$(或 $b1$)为半径,作大圆弧 $\overset{\frown}{uv}$;以 f 点为圆心,fv(或 fs)为半径,作小圆弧 $\overset{\frown}{vs}$;以 e 点为圆心,et(或 eu)为半径,作小圆弧 $\overset{\frown}{tu}$。

5. 曲面立体和组合体的正等轴测

(1) 圆柱体

例 6-5　画出图 6-17(a)所示圆柱体的正等测。

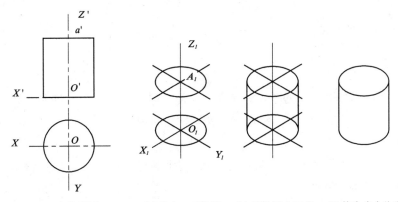

(a) 正投影图　　(b) 画上、下椭圆　(c) 画椭圆公切线　(d) 擦去多余的线

图 6-17　圆柱体的正等测

先画出其两端的正等测椭圆,如图 6-17(b)所示;然后作此二椭圆的外公切线,就是圆柱面正等测的外形线,如图 6-17(c)所示;最后将可见线描深如图 6-17(d)所示。

例 6-6　画出图 6-18(a)所示开槽圆柱体的正等测。

这里先画出槽底平面与圆柱面相交的交线椭圆,如图 6-18(b)所示;再过顶面椭圆中心 A_1 点,在 O_1X_1 方向量取槽宽 12 得出 1_1 和 2_2 点;再过 1_1 和 2_2 作 O_1X_1 的平行线,与槽底面椭圆交于 7_1,8_1,9_1 和 10_1 四点;最后连 7_18_1 和 9_110_1。这两条线就是槽的两个侧面与槽面的交线,如图 6-18(c)所示。

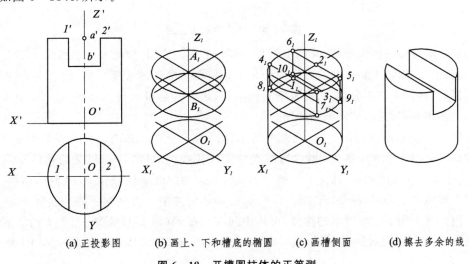

(a) 正投影图　　(b) 画上、下和槽底的椭圆　　(c) 画槽侧面　　(d) 擦去多余的线

图 6-18　开槽圆柱体的正等测

（2）圆锥台

画图 6-19(a)所示圆锥台的正等测时,可先画出其端面椭圆,如图 6-19(b)所示,然后作外公切线,即为圆锥面正等测的外形线,如图 6-19(c)所示。

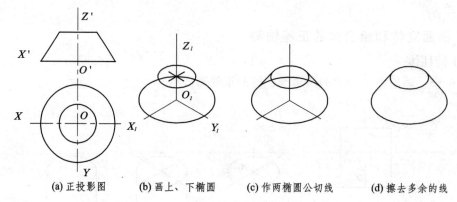

(a) 正投影图　　　　(b) 画上、下椭圆　　　　(c) 作两椭圆公切线　　　　(d) 擦去多余的线

图 6-19　圆锥台的正等测

（3）组合体

画组合体的正等测时,也应采用形体分析法,逐个画出组成该组合体的各基本组合体,从而完成组合体,如图 6-20 所示。

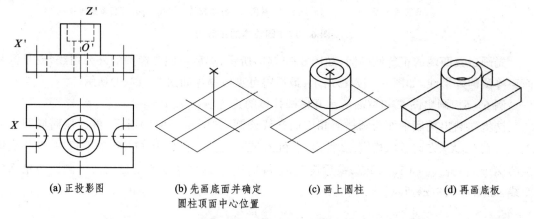

(a) 正投影图　　　(b) 先画底面并确定　　　(c) 画上圆柱　　　(d) 再画底板
　　　　　　　　　　圆柱顶面中心位置

图 6-20　组合体的正等测

为表达组合体的内部形状,常画出剖去一部分的正轴测图,如图 6-21 和图 6-22 都是沿 XOZ 面和 YOZ 面切去物体左前方的四分之一。但两图的作图步骤不同:前者是将组合体完整地画出后,再切去其四分之一;后者则先画剖面,再画其余可见线。显然,后者画法较好,可以少画许多不必要的线,节省画图时间。

在图 6-23(a)所示物体上,有两处平行坐标面的四分之一圆弧。画此圆弧的正等测时,先在棱线上截得 1,2,3,4 各点,再过这些点分别作棱线的垂线,两两相交的垂线交点 O_1 和 O_2 即为正等测圆弧的圆心,从圆心到棱线的垂线长即为圆弧半径,如图 6-23(b)所示。

以上所画的正等测,都是按图 6-1 所示,由物体的左前上方观察所得。实际上也可选取其他方向。对于图 6-24 所示的物体,可从中间一个图形(即 V 投影)的左上方沿 S 向观察,得到如图 6-25(a)所示的正等测,也可从右上方沿 S 向观察,得到如图 6-25(b)所示的正等测。

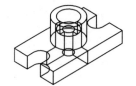

(a) 先画整体

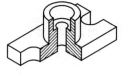

(b) 再画剖切

图 6-21　轴测剖视(一)

(a) 先画截口

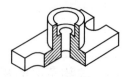

(b) 再画后面部分

图 6-22　轴测剖视(二)

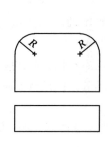

(a) 正投影图

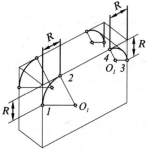

(b) 先画成棱柱，再去掉圆角

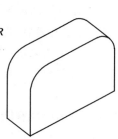

(c) 擦去多余的线

图 6-23　轴测剖视中圆弧画法

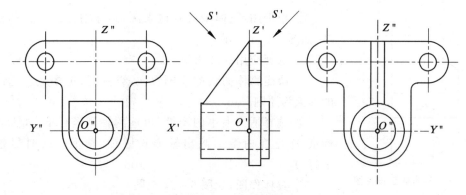

图 6-24　支架投影图

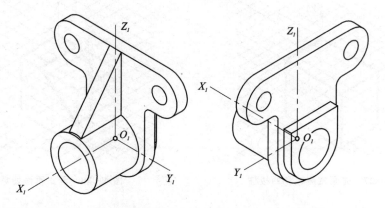

(a) 从左向右看　　　　　　　(b) 从右向左看

图 6-25　不同视向的轴测图

6.2　徒手绘制轴测草图

1．轴测草图的用途

在传统的设计中,在构思一部新机器或新结构的过程中,可先用立体的轴测草图将结构设计的概貌初步表达出来,然后再进一步画出正投影的设计草图,最后再仔细完成设计工作图。

在当今 CAD/CAM 技术高度发展的情况下,先将设计思想用轴测草图粗略表达出来,经推敲以及与他人探讨确定方案后,再进行造型,则能提高设计效率。

另一方面,对设计者本人来讲,当设计较为复杂的形体时,边设计边画轴测草图有利于将形体各个部分构思完整,并合理布局。将形体的已确定部分粗略画出,有利于促使设计者构思未完成部分。

另外,可以用轴测草图向没有能力读正投影图的人作产品或设计的介绍、说明。所以,轴测草图是一种表达设计思想、辅助完成设计的有力工具。

2．画轴测草图的一般步骤

画轴测草图的一般步骤如下:

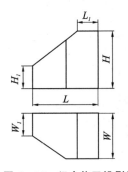

图 6-26　组合体正投影图

① 根据图纸、模型或其他来源,想像物体的形状和比例关系,如图 6-26 所示。

② 选择应用的轴测种类。

③ 决定物体的轴测投影视向,以更好、更多地表达出物体的形象为原则。

④ 选择适当大小的图纸(可选用轴测坐标纸,如无轴测坐标纸,亦可在白纸上画出轴测投影轴,画平行线时尽量保持平行。)

⑤ 具体作图,如图 6-27 至图 6-30 所示。

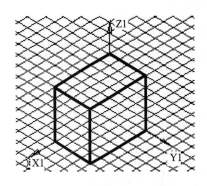

图 6-27　先画轴测轴和四棱柱

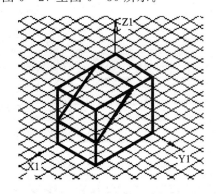

图 6-28　画正垂面切角

选择轴测坐标纸作图,选正等测投影,先画出轴测投影轴,根据 L,L_1,W,W_1,H,H_1 的比例关系分别沿着 X_1,Y_1,Z_1 方向截取相应长度;然后作出长方体,用正垂面截长方形,再用铅垂面截长方形,截切过程中严格遵守"沿轴测量"的原则。

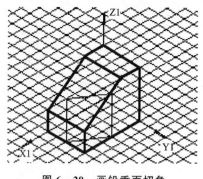

图 6-29　画铅垂面切角

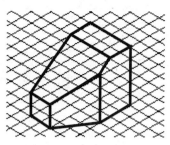

图 6-30　擦去多余的线

3. 圆柱的轴测草图

圆的轴测投影是椭圆。椭圆的长轴方向垂直于回转轴,短轴方向与回转轴一致。

画圆柱的轴测草图的步骤如下:

① 根据圆柱高度先定出上下椭圆的中心,如图 6-31 所示。

② 利用方箱法画圆柱体。先画出圆柱顶面椭圆的外切菱形,利用菱形画椭圆,徒手勾出大、小圆弧,与四边的中点均相切,连成光滑的椭圆曲线。

③ 再按圆柱体高度 H 画出底面的椭圆。为简单起见,可以只画前半个椭圆,如图 6-32 所示。

④ 画两椭圆公切线,就可迅速画出圆柱的轴测草图,如图 6-33 所示。

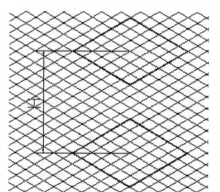

图 6-31　先确定圆柱高度,定出上、下椭圆的中心

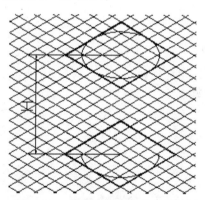

图 6-32　利用菱形画上、下两椭圆

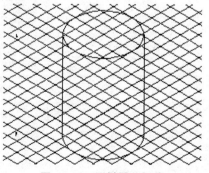

图 6-33　画椭圆公切线

实训篇

实训 1　SolidWorks 简介

SolidWorks 软件是世界上第一个基于 Windows 开发的三维 CAD 软件,其特点是易用、稳定和创新。使用这套简单易学的工具,机械设计工程师能够快速地按照其设计思想绘制草图,尝试运用各种特征与不同尺寸,生成模型和制作详细的工程图。

1.1　实训目的

① 了解 SolidWorks 软件的用途。
② 熟悉 SolidWorks 软件的操作界面。
③ 熟悉 SolidWorks 软件的基本操作。

1.2　实训重点和难点指导

1.2.1　启动并进入软件

计算机安装 SolidWorks 软件后,桌面上会有快速启动图标,双击该图标即可打开该软件。另一种启动方式是选择"开始"→"程序"→"SolidWorks"来打开该软件。

1.2.2　软件界面简介

1.创建文件类型

启动软件后,单击"新建"按钮,会弹出如实训图 1-1 所示的对话框。在这个对话框中,可以选择创建"零件""装配体"或者"工程图"。

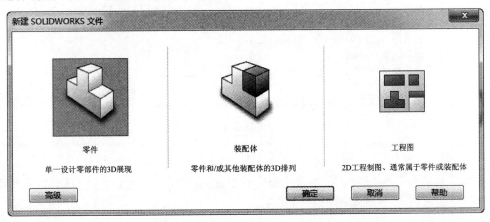

实训图 1-1　新建 SolidWorks 文件对话框

单击"零件"选项,确定后就进入到了如实训图1-2所示的SolidWorks的主用户界面。

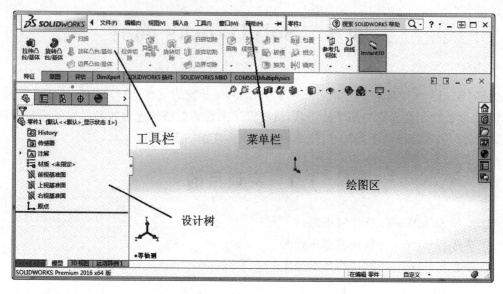

实训图1-2　SolidWorks主用户界面

2. 菜单栏

单击菜单栏的选项,会显示如实训图1-3所示的下拉菜单,从中可以找到SolidWorks的所有功能命令。

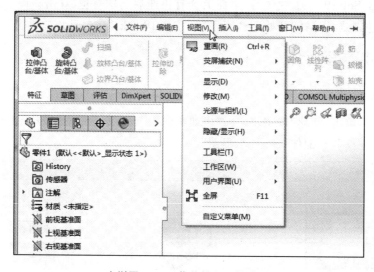

实训图1-3　菜单栏和下拉菜单

3. 工具栏

工具栏中显示了SolidWorks的常用命令快捷键,直接单击就可快速地使用"特征""草图"等命令栏中的常用命令,如实训图1-4所示。

4. 设计树

设计树形象而详细地记录了零件或装配体的所有特征,并显示出它们的先后次序。通过

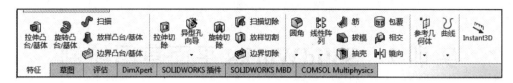

实训图 1-4　工具栏

设计树,可以编辑如实训图 1-5 所示的零件中包含的特征。

5. 绘图区

绘图区中显示所绘制出的零件或者装配体,通过该区域上方的视图按钮,可以方便地对形体进行缩放、旋转、剖视等视图切换操作。

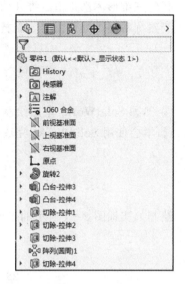

1.2.3　软件功能简介

1. 特征及草图

形体的特征是各种单独的加工形状,把它们组合起来时就形成各种零件或装配体。所有零件模型至少包含一个特征,在实际应用中,多数情况下需要通过将多个特征在一定的约束条件下进行组合来生成零件或装配体。

SolidWorks 中的草图绘制是生成特征的基础。可

实训图 1-5　设计树

以通过一系列特征操作将草图生成为三维实体特征,进而生成目标零件。其中常用的基于草图特征操作有:拉伸、切除、旋转、扫描、放样。还有部分特征不需要在草图上操作,称为应用特征,如:圆角、倒角、抽壳(薄壁)。虽然每项特征的功能不同,但是要生成目标零件所需应用的特征并不是绝对的,比如,通过旋转长方体和拉伸圆都可以得到圆柱模型。

2. 零　件

3D 零件是 SolidWorks 机械设计软件中的基本建造块。装配体及工程图都是基于零件而生成,因此,较好地掌握零件建模是学习使用 SolidWorks 的核心内容。此外,SolidWorks 中自带标准零件库,支持国际标准,包括:ANSI、AS、GB、BSI、CISC、DIN、ISO、IS、JIS 和 KS。零件库中包括轴承、螺栓、凸轮、齿轮、销钉、螺钉、螺垫等五金件,可以根据需要自行选择及配置尺寸参数。

3. 装配体

将多个零件或子装配体(又称部件)通过一定的配合关系进行约束可形成装配体,这一过程称为装配。当装配体是另一个装配体的零部件时,则称它为子装配体。

4. 工程图

工程图即符合制图标准的零件图或装配图,草图实体也可添加到工程图。在 SolidWorks 中可以由构造完成的三维零件模型或装配体模型生成二维的工程图,且零件、装配体与图相互关联,对零件或装配体做出的修改会在工程图上自动更新。为了通过工程图完整地认识零件模型和装配体,可在已生成的工程图上进行剖视、标注等操作,展现零件模型和装配体的所有细节。

实训 2 SolidWorks 平面草图绘制

任何三维形体都是由二维几何元素经过拉伸、旋转等操作生成的。在进行三维建模之前，首先要熟练掌握二维草图的绘制技术。

2.1 实训目的

① 熟悉 SolidWorks 草图绘制的基本命令。
② 学会使用 SolidWorks 完成草图绘制。

2.2 实训内容

绘制如实训图 2-1 所示的平面图形，按照图中尺寸，以 1:1 的比例绘制。

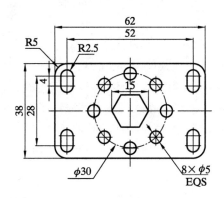

实训图 2-1 平面图形

2.3 实训重点和难点指导

2.3.1 创建草图

在创建草图前，首先需要选择草图所在平面。SolidWorks 提供了前视基准面、上视基准面、右视基准面 3 个基准面。如实训图 2-2 所示，在设计树中选择一个基准面，单击左键，选择"草图绘制"，该基准面即会高亮显示，并旋转至屏幕方向。这时就可以在这个平面上进行二维草图的绘制。绘制完成后，单击绘图区右上角的"退出草图"按钮退出草图绘制，或单击特征命令，自动退出草图绘制。

实训图 2 - 2　创建草图

2.3.2　绘图功能指导

1. 绘制直线

在草图工具栏中单击"直线"按钮 ✐ ,在绘图区中拉伸出一条直线(见实训图 2 - 3)。如果指针旁出现"一"符号,则表示系统自动为该直线添加了水平约束,旁边的数字则表示绘制直线的长度。在绘制时,不必拘泥于

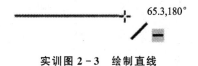

实训图 2 - 3　绘制直线

该数值,只需要绘制近似的大小和形状即可,后续可通过修改尺寸标注来获得精确的形体。

2. 绘制矩形

在草图工具栏中单击"矩形"按钮 ▭ ,在绘图区域单击鼠标左键作为矩形第一个对角线的起点,将指针拖动到矩形第二个对角线的终点再单击鼠标左键,完成矩形的绘制。

3. 绘制圆

在草图工具栏中单击"圆"按钮 ◉ ,单击图形区域的一点确定圆心,拖动指针确定半径,完成圆的绘制。

4. 绘制圆角

在草图工具栏中单击圆角按钮,在左侧的"绘制圆角"工具栏中设定圆角参数,即圆角半径后(见实训图 2 - 4),分别单击草图实体上两相交线,并形成圆角,如实训图 2 - 5 所示。

实训图 2 - 4　"绘制圆角"工具栏

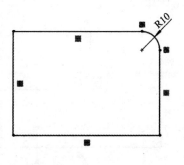

实训图 2 - 5　创建圆角

5．绘制中心线

在草图工具栏中单击"直线"后的下三角按钮，单击出现的"中心线"按钮 ∥，绘制方法与直线类似。

6．镜　像

框选要镜向草图实体和之前绘制的中心线，在草图工具栏中单击"镜像实体"按钮 ⅓，即可完成镜像操作，如实训图 2-6 所示。

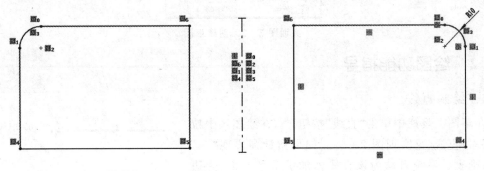

实训图 2-6　镜像实体

7．阵　列

用矩形框选中要阵列的实体，在草图工具栏中单击"线性草图阵列"按钮 ⅜⅜，在"线性阵列"工具栏中填写 X、Y 方向的阵列数量和间距，单击"确定"按钮，完成如实训图 2-7 所示阵列操作。

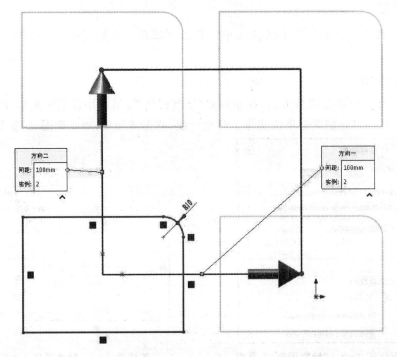

实训图 2-7　阵列实体

8．尺寸标注

单击草图工具栏中的"智能尺寸"按钮 ，根据不同形体的特征点选相应的尺寸边界，并在"修改"对话框中输入所需尺寸，如实训图 2-8 所示。

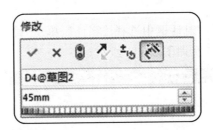

实训图 2-8　尺寸修改对话框

9．几何关系

在实训图 2-5 中可以看到，图线周围出现了绿色的小方块，例如 和 。这些小方块代表草图元素的几何关系。在绘制草图的过程中，系统会自动添加一些几何关系，也可以根据需要，自行添加或删除部分几何关系。

在草图工具栏中，单击"显示/删除几何关系"按钮 ，或直接在绘图区域中双击表示几何关系的绿色小方块，即可打开显示/删除几何关系工具栏（见实训图 2-9），在这里显示了当前草图中的所有几何关系，可以对不需要的几何关系进行删除。

单击菜单栏中"显示/删除几何关系"按钮下的"添加几何关系"按钮 ，即可打开添加几何关系工具栏，如实训图 2-10 所示。选择要添加几何关系的实体后，选项卡中会根据所选实体的类型，出现对应的可添加几何关系的选项，点选所需的几何关系即可完成添加操作。

实训图 2-9　显示/删除几何关系工具栏　　　实训图 2-10　添加几何关系工具栏

2.4 实训步骤

1. 启动 SolidWorks

在"新建 SolidWorks 文件"对话框中选择"零件",单击"确定"按钮。在设计树中选择一个基准面,选择"草图绘制",如实训图 2-11 所示。

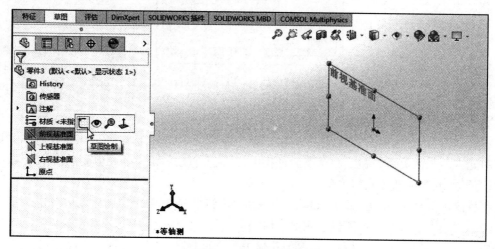

实训图 2-11 选择基准面

2. 绘制矩形

运用"边角矩形"命令,在草图平面中选择一点为起点,再拖动光标选择矩形终点。单击"智能尺寸"命令,将矩形的长、宽分别约束为 62 和 38(见实训图 2-12)。再绘制中心线,运用"中心线"命令,将光标移动至中点附近,当出现图标时 ⬚,表示中心点已经捕捉到。通过该点绘制矩形的中心线,如实训图 2-13 所示。

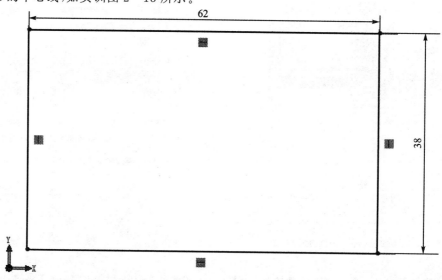

实训图 2-12 绘制矩形

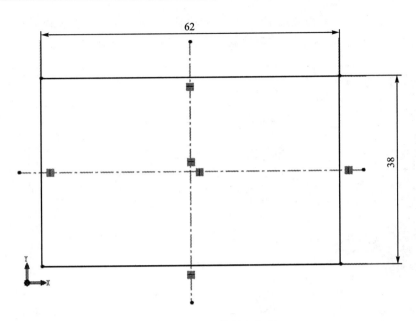

实训图 2 - 13　绘制中心线

3. 绘制圆角

利用"绘制圆角"命令将其圆角半径设置为 5,分别单击圆角的两边,完成圆角的创建(见实训图 2 - 14)。同理,当矩形的四个圆角均完成创建后,在左侧"绘制圆角"菜单中选择"确定",完成圆角创建。

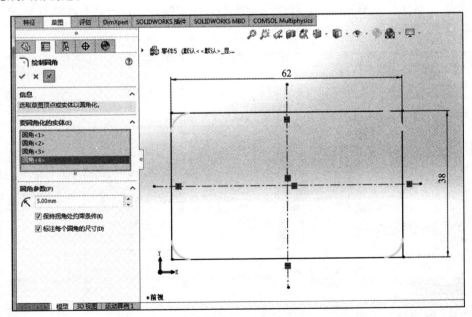

实训图 2 - 14　绘制圆角

4. 绘制圆槽

生成圆角后系统自动标示其圆心,运用"直槽口"命令,选中一个圆角的圆心,纵向拖动光标,单击选择圆槽的另一圆心位置,然后横向拖动光标,单击左键。在左侧对话框中选择"确定"按钮,然后使用智能尺寸,将槽长和槽宽更改为 4 和 5,如实训图 2－15 所示。

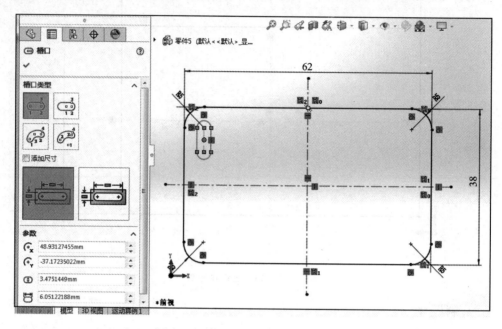

实训图 2－15　绘制圆槽

5. 绘制矩形阵列圆槽

选中刚绘制完成的圆槽,单击"线性草图阵列",在左侧对话框中填写各项数据,单击"确定"按钮,出现如实训图 2－16 所示阵列圆槽。

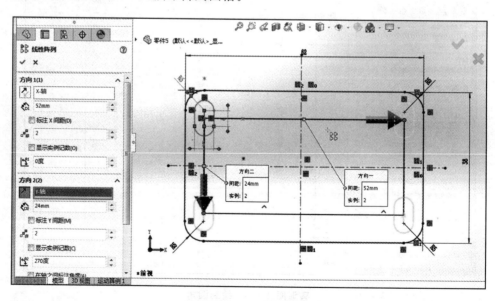

实训图 2－16　阵列圆槽

6. 设置中心点

运用"点"命令,设置中心线的交点为中心点,单击"确定"按钮。

7. 绘制正六边形

运用"多边形"命令,在左侧对话框中选中"外接圆",以上一步设置的中心点为中心,绘制正六边形,并在左侧对话框中将正六边形外接圆直径设置为 15,单击"确定"按钮,如实训图 2 - 17 所示。

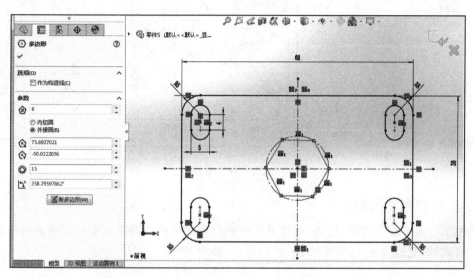

实训图 2 - 17　绘制正六边形

8. 绘制圆

运用"复制实体"命令,使中心线向左偏移 15,将左侧对话框设置如实训图 2 - 18 所示;再以交点为圆心,绘制一个圆,用"智能尺寸"工具设置其直径为 5,如实训图 2 - 19 所示。

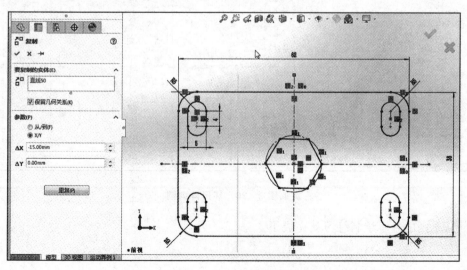

实训图 2 - 18　偏移中心线

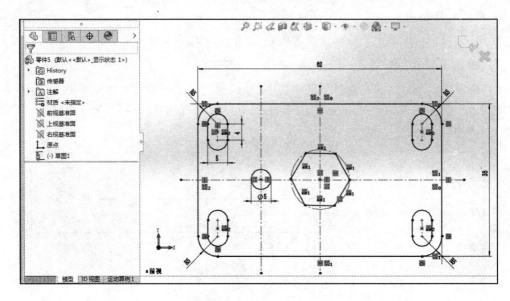

实训图 2 - 19 绘制圆

9. 绘制环形阵列圆

选中上一步中绘制的圆,单击"圆周草图阵列",将对话框中的阵列中心点选为六边形的中心,将"实例数"更改为 8(见实训图 2 - 20),单击"确定"按钮。

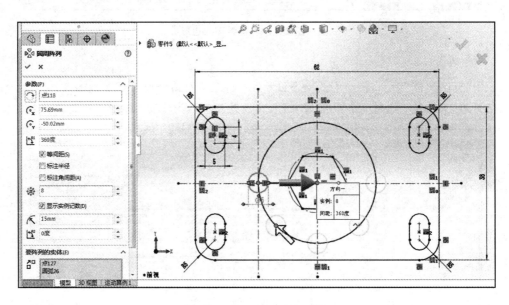

实训图 2 - 20 环形阵列圆

至此,草图的基本绘制练习就完成了。

2.5　课后练习

课后练习如下：

① 任选实训图 2-21、实训图 2-22 中的一个平面图形，在 SolidWorks 的草图界面中进行绘制。

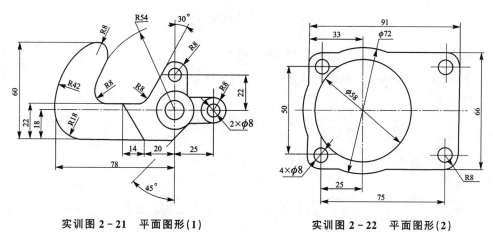

实训图 2-21　平面图形(1)　　　　　　　实训图 2-22　平面图形(2)

② 尽可能表达（近似）某种工程设备、机件的轮廓形状、交通工具（如汽车、自行车）等，参考实例如实训图 2-23 所示。

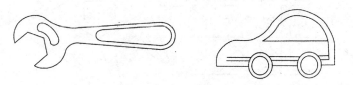

实训图 2-23　扳手和汽车

实训 3 SolidWorks 平面立体的三维建模(一)

3.1 实训目的

① 掌握 SolidWorks 平面立体的三维建模的方法。
② 掌握 SolidWorks 的"拉伸""拉伸切除"操作,熟悉各种拉伸方法。

3.2 实训内容

绘制如实训图 3-1 所示的平面立体,尺寸自拟。

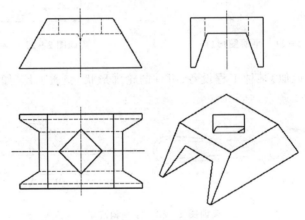

实训图 3-1 平面立体

3.3 实训重点和难点指导

3.3.1 拉 伸

在 SolidWorks 的各种特征操作中,拉伸操作是最基本的。通过拉伸操作,可以由二维形体得到三维形体。拉伸时可以单向或双向,草图可以封闭或不封闭,草图不封闭时拉伸会有薄壁特征,如实训图 3-2 所示。

在草图中绘制完成需要拉伸的二维形体后,在特征工具栏中单击"拉伸凸台/基体"按钮，拖动控制标到大致的拉伸深度,在左侧的"凸台-拉伸"工具栏中,可以单击方向切换按钮,改变拉伸的方向,并设置拉伸特征的准确深度,如实训图 3-3 所示。

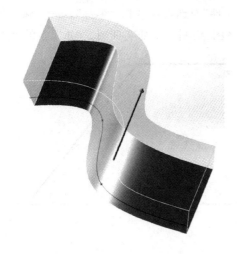

实训图 3 - 2　拉　伸　　　　　　　实训图 3 - 3　"凸台-拉伸"工具栏

3.3.2　拉伸切除

与拉伸类似,通过拉伸切除操作,可以由二维形体得到三维柱孔。

在草图中绘制完成需要拉伸切除的二维形体后,在特征工具栏中单击"拉伸切除"按钮 ,在左侧的拉伸-切除工具栏中(见实训图 3 - 4),选择"完全贯穿"选项,可以得到一个贯穿形体的通孔,如实训图 3 - 5 所示。当然,也可以选择"给定深度"选项,并设置切除深度,得到一个指定深度的孔。

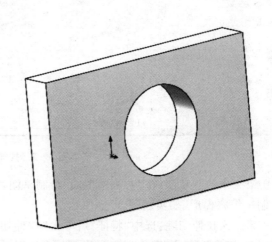

实训图 3 - 4　拉伸-切除工具栏　　　　　　实训图 3 - 5　完全贯穿效果

3.4　实训步骤

用 SolidWorks 创建该平面立体步骤如下:

① 启动 SolidWorks：在"新建 SolidWorks 文件"对话框中选择"零件"，单击"确定"按钮。
② 第一次绘制草图：在"前视基准面"绘制草图，绘制一个如实训图 3-6 所示的梯形。

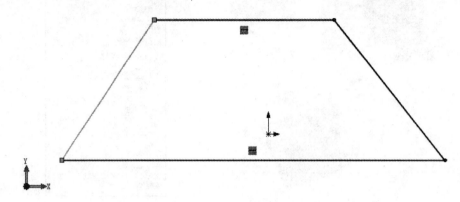

实训图 3-6 绘制梯形

③ 拉伸：选择"特征"工具栏后单击"拉伸凸台/基体"，拖动实体上的箭头或输入数值以设置实体厚度（见实训图 3-7），单击"确定"按钮。

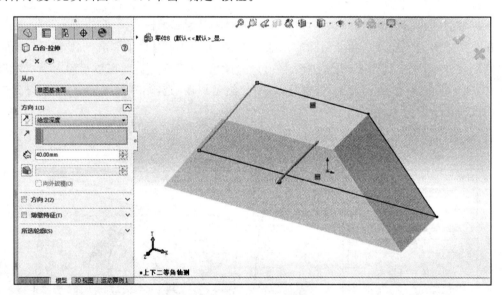

实训图 3-7 拉伸梯形

④ 第二次绘制草图：在"右视基准面"绘制草图，先设置一条中心线，然后以该中心线为中心，绘制一等腰梯形，如实训图 3-8 所示。

⑤ 第一次拉伸切除：选中"特征"后单击"拉伸切除"，将对话框中"方向"的穿透选项改为"完全贯穿-两者"，单击"确定"按钮，出现如实训图 3-9 所示的图形。

⑥ 第三次绘制草图：选择凸台的上表面来绘制草图，先绘制中心线，以中心线的交点为中心绘制一个正方形，出现如实训图 3-10 所示图形。

⑦ 第二次拉伸切除：选中"特征"后单击"拉伸切除"，将对话框中"方向"的穿透选项改为完全贯穿，单击"确定"按钮，出现如实训图 3-11 所示的平面立体。至此，平面立体的绘制就完成了。

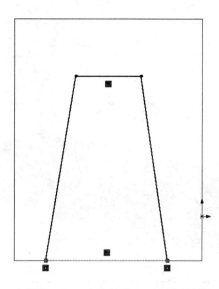

实训图 3-8　在右视基准面中绘制梯形

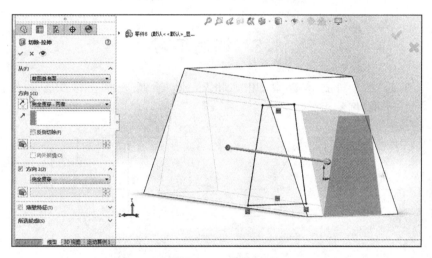

实训图 3-9　拉伸切除

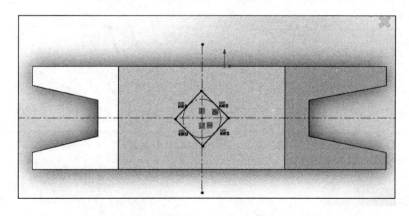

实训图 3-10　绘制正方形

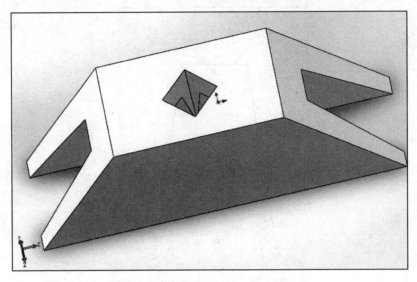

实训图 3-11　拉伸切除正方形

3.5　课后练习

已知三面的投影和立体造型，用 SolidWorks 绘制平面立体图形，尺寸直接在实训图 3-12 上量取（圆整为整数）。

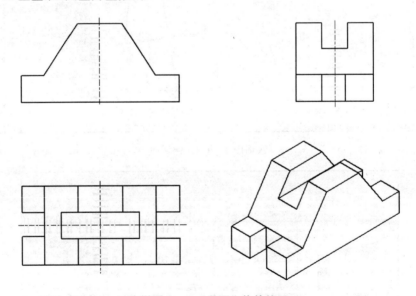

实训图 3-12　平面立体的练习

实训 4　SolidWorks 平面立体的三维建模(二)

4.1　实训目的

① 熟悉 SolidWorks 平面立体的三维建模的方法。
② 掌握 SolidWorks 各种创建基准面的方法。

4.2　实训内容

绘制如实训图 4-1 所示的平面立体,尺寸自拟。

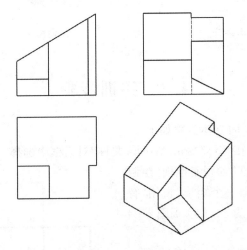

实训图 4-1　平面立体

4.3　实训重点和难点指导

本实训重点讲解的内容是创建基准面。

在实训 3 中,已经学习了如何使用"拉伸"和"拉伸切除"特征,这两种特征,都只能向垂直于草图方向生成。有时,生成特征所需的草图平面不在 SolidWorks 提供的三个基本基准面上,需要自己创建基准面来绘制草图。

单击特征工具栏中的"参考几何体"按钮,选择"基准面" ▦ ,在"基准面"工具栏中,可以设定最多三个参考来确定平面位置,如实训图 4-2 所示。根据几何关系,可以使用"通过直线/点""点和平行面""两面夹角""等距平面""垂直于曲线"和"曲线切平面"等多种原则添加参考。

参考项可以选满三个,也可以用少于三个的参考项确定基准面。如实训图 4-3 所示,在第一参考中选中已经生成的圆孔,第二参考选择立方体的一条边,无须选择第三参考,就可以创建与圆孔相切并包含该边的基准面。

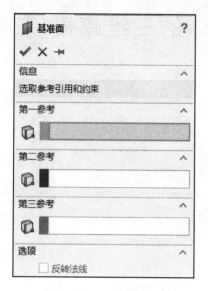

实训图 4-2　基准面工具栏

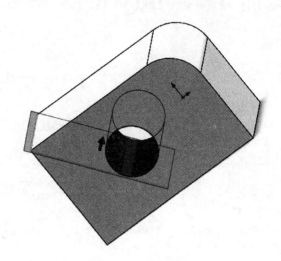

实训图 4-3　创建参考面

4.4　实训步骤

用 SolidWorks 创建平面立体步骤如下：

① 启动 SolidWorks：在"新建 SolidWorks 文件"对话框中选择"零件"，单击"确定"按钮。

② 第一次绘制草图：在"前视基准面"绘制草图，利用"边角矩形"绘制一个矩形，再用"智能尺寸"工具将其长宽约束为 50，如实训图 4-4 所示。

③ 拉伸：选中"特征"后单击"拉伸凸台/基体"，在对话框中输入厚度 50，单击"确定"按钮，出现如实训图 4-5 所示图形。

④ 第一次插入基准面：单击"特征"工具栏中的"参考集合体"按钮，选择"基准面"；在对话框中，"第一参考"选择立方体的上表面，选择两面夹角，并输入角度 30，单击"反转"；"第二参考"选择上边面上的一条棱，单击"确定"按钮，出现如实训图 4-6 所示的基准面。至此基准面创建完成。

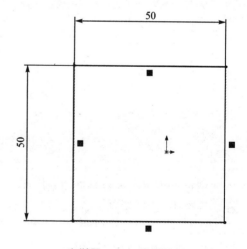

实训图 4-4　绘制矩形

⑤ 第一次拉伸切除：选中第一步中绘制的"草图 1"，单击"拉伸切除"，将对话框中"方向"的穿透选项改为"成形到一面"，选择上一步设置的基准面，单击"确定"按钮，出现如实训图 4-7 所示图形。

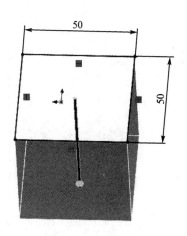

实训图 4-5　生成立方体

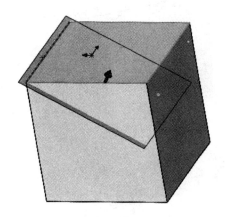

实训图 4-6　第一次插入基准面

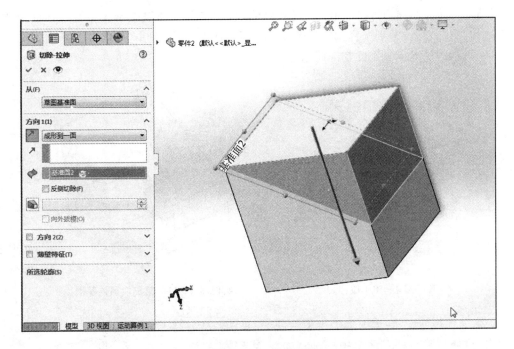

实训图 4-7　拉伸切除

⑥ 第二次插入基准面：在菜单栏中选择"插入""参考几何体""基准面"；在对话框中，"第一参考"选择立方体的下表面，在偏移距离中输入 10，并选择"反转"，单击"确定"按钮，出现如实训图 4-8 所示图形。

⑦ 第二次拉伸切除：在刚设置的基准面上绘制草图，绘制一个长宽均为 20 的矩形，如实训图 4-9 所示。选中"特征"后单击"拉伸切除"，将对话框中"方向"的穿透选项改为"完全贯穿"，单击"确定"按钮，出现如实训图 4-10 所示图形。

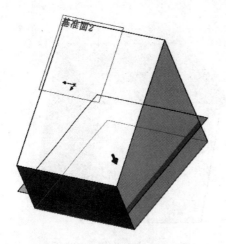

实训图 4-8　第二次插入基准面

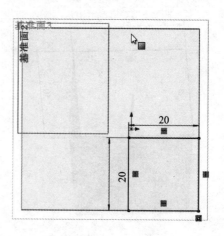

实训图 4-9　绘制矩形

⑧ 第三次插入基准面:在菜单栏中选择"插入""参考几何体""基准面";在对话框中,"第一参考"和"第二参考"分别选择如实训图 4-11 所示的两条边,单击"确定"按钮,出现如实训图 4-11 所示的基准面。至此基准面创建完成。

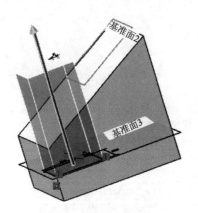

实训图 4-10　拉伸切除

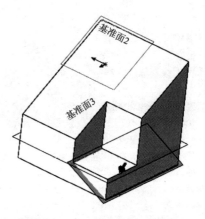

实训图 4-11　第三次插入基准面

⑨ 第三次拉伸切除:选中第⑦步中绘制的"草图2",单击"拉伸切除",将对话框中"方向"的穿透选项改为"成形到一面",选择上一步设置的基准面,单击"确定"按钮,出现如实训图 4-12 所示图形。

⑩ 第四次拉伸切除:在原立方体的底面上绘制草图,以一个角为端点,绘制一个长、宽分别为 20 和5 的矩形,如实训图 4-13 所示。选中"特征"后单击"拉伸切除",将对话框中"方向"的穿透选项改为"完全贯穿",单击"确定"按钮,出现如实训图 4-14 所示的平面立体。至此平面立体绘制完成。

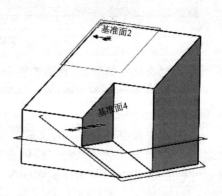

实训图 4-12　第三次拉伸切除

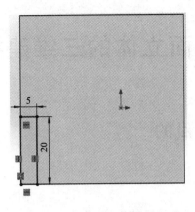

实训图 4 - 13　在底面绘制矩形

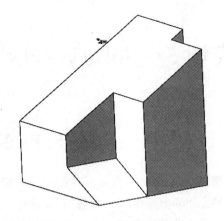

实训图 4 - 14　完成平面立体

4.5　课后练习

使用 SolidWorks 绘制如实训图 4 - 15 和实训图 4 - 16 所示的平面立体,尺寸自拟。

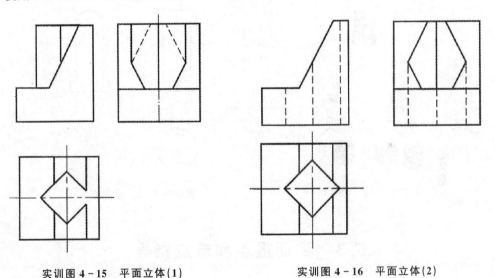

实训图 4 - 15　平面立体(1)　　　　　　　实训图 4 - 16　平面立体(2)

实训 5 SolidWorks 曲面立体的三维建模

5.1   实训目的

① 熟悉 SolidWorks 曲面立体的三维建模方法。
② 熟悉 SolidWorks 的"旋转"特征操作。
③ 熟悉 SolidWorks 中"添加""删减""共同"等组合运算的操作。

5.2   实训内容

分析实训图 5-1 零件的 CSG 构图,绘制如实训图 5-2 所示的曲面立体,尺寸自拟。

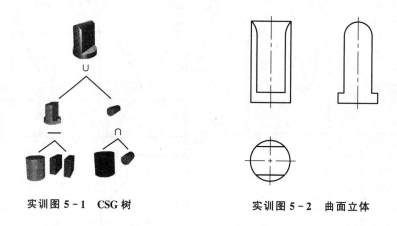

实训图 5-1   CSG 树   实训图 5-2   曲面立体

5.3   实训重点和难点指导

5.3.1 旋 转

"旋转"是通过绕旋转轴扫略一个或多个草图界面轮廓,使用"旋转"操作,可以创建简单的曲面形体,也可以用作其他特征的终止面或分割零件的分割工具。创建时,可以使截面轮廓绕轴在 0°~360°之间旋转任意角度,旋转轴可以是截面轮廓的一部分,也可以在截面轮廓外。

进行"旋转"操作时,首先要在草图中绘制出旋转体的截面轮廓和旋转轴。单击特征工具栏中的"旋转凸台/基体"按钮 ,在左侧的"旋转"工具栏中(见实训图 5-3)选择旋转轴并设置旋转方向和旋转角度,单击确定后旋转体特征就创建完成了,如实训图 5-4 所示。

实训图 5-3 旋转工具栏

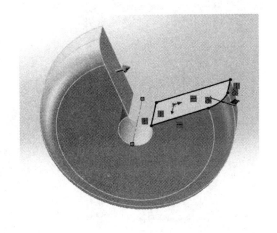

实训图 5-4 生成旋转体

5.3.2 组 合

在实体建模过程中,有些复杂实体是由两个或多个基本体通过求"交""并""差"得来的,这时,就需要使用 SolidWorks 中的"组合"命令。

进行"组合"操作时,首先要绘制出所需要的基本形体,而在绘制第二个基本形体时,要将"合并结果"选项勾选取消,如实训图 5-5 所示。

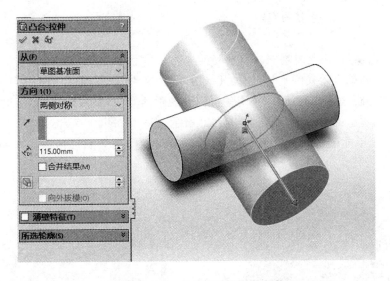

实训图 5-5 绘制相交的基本形体

依次单击菜单栏中的"插入""特征""组合"按钮,打开"组合"工具栏,如实训图 5-6 所示。选择需要添加组合关系的两个实体,根据需要选择组合的类型,这里的"添加""删减""共同"分别对应着布尔运算中的"并""差""交"运算。实训图 5-7 为两个圆柱进行"共同"操作后的结果。

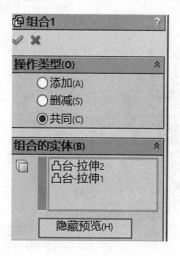

实训图 5-6　组合工具栏

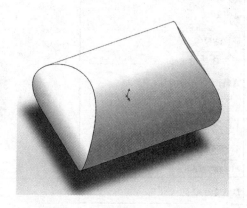

实训图 5-7　两圆柱取"共同"操作

5.4　实训步骤

用 SolidWorks 创建简单曲面立体的步骤如下：

① 启动 SolidWorks，在"新建 SolidWorks 文件"对话框中选择"零件"，单击"确定"按钮，再单击"草图绘制"选择"上视基准面"开始绘制。

② 在上视基准面上绘制一个半径 20 的圆。

③ 单击"特征"工具栏中的"拉伸凸台"，只选择方向 1，向下拉伸深度 60，单击"确定"按钮。

④ 选择上视视角，在上视基准面绘制两条与圆心等距且均竖直的弦：单击直线，用捕捉功能使绘制的线段两端点落在圆上，并添加几何关系为"竖直"，同样绘出第二条线；单击"智能尺寸"分别标注圆心距两条弦的距离，并调整为相同的距离数值，然后删除尺寸，退出草图，即得到与前视基准面垂直的平行弦，如实训图 5-8 所示。

⑤ 在上视基准面绘制分别以两条弦为一边的矩形（使用 3 点边角矩形），如实训图 5-9所示。

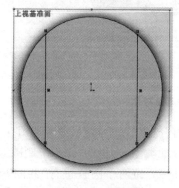

实训图 5-8　绘制弦

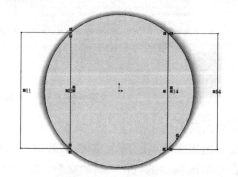

实训图 5-9　绘制矩形

⑥ 将两矩形向下拉伸 40,不合并结果,如实训图 5 - 10 所示。

⑦ 单击"插入"→"特征"→"组合",如实训图 5 - 11 所示,选择"删减",出现如实训图 5 - 12 所示图形。

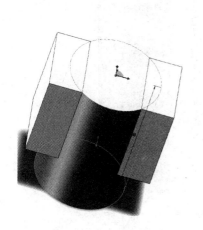

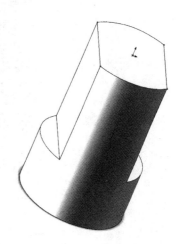

| 实训图 5 - 10　拉伸矩形 | 实训图 5 - 11　"组合"工具栏 | 实训图 5 - 12　删减矩形 |

⑧ 在前视基准面上以原点为圆心作圆,使圆的半径为步骤④中设置的弦心距。

⑨ 双向拉伸该圆,不合并结果,出现如实训图 5 - 13 所示图形。

⑩ 在上视基准面做以原点为圆心,半径为 20 的圆。

⑪ 双向拉伸该圆,不合并结果,如实训图 5 - 14 所示。

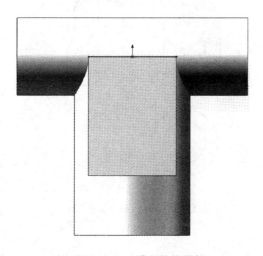

实训图 5 - 13　横向拉伸圆柱　　　　　　　　　实训图 5 - 14　纵向拉伸圆柱

⑫ 将步骤⑨和⑪中拉伸得到的两圆柱求交,选择"共同",如实训图 5 - 15 所示。

⑬ 求并,选择"添加",完成该曲面立体的创建,如实训图 5 - 16 所示。

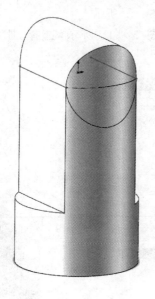

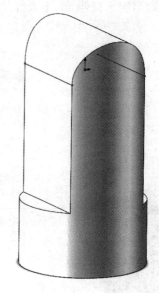

实训图 5-15 求 交　　　　　实训图 5-16 求 并

5.5　课后练习

使用 SolidWorks 创建如实训图 5-17 和实训图 5-18 所示的三维模型,尺寸自拟。

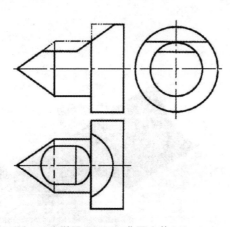

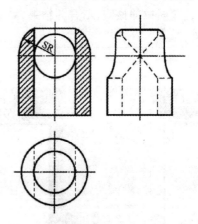

实训图 5-17 曲面立体(1)　　　　　实训图 5-18 曲面立体(2)

实训 6　SolidWorks 组合体的三维建模(一)

6.1　实训目的

① 熟悉 SolidWorks 绘制组合体的方法。
② 熟悉 SolidWorks 创建圆角、加强筋、沉头孔和螺纹孔的方法。

6.2　实训内容

绘制如实训图 6-1 所示的组合体,尺寸自拟。

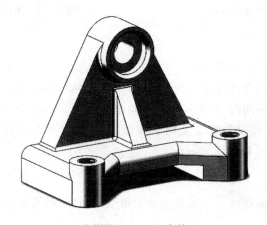

实训图 6-1　组合体

6.3　实训重点和难点指导

6.3.1　圆　角

　　"圆角"操作是指将圆角或圆边添加到一条或多条零件边、两个面之间或三个相邻面之间。使用圆角操作,可以在内边上添加材料,或从外边去除材料,创建从一个面到另一个面的平滑过渡。创建圆角时,可以创建等半径边圆角、变半径边圆角以及不同尺寸的边圆角。

　　单击特征工具栏中的"圆角"按钮 ![按钮],在如实训图 6-2 所示的"圆角"工具栏中点选合适的圆角类型后,设置圆角半径,然后选中需要创建圆角的边或平面,单击"确定"按钮后圆角特征就创建完成了,如实训图 6-3 所示。

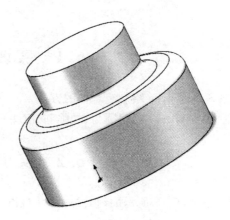

实训图 6 - 2　圆角工具栏　　　　　　实训图 6 - 3　添加圆角

6.3.2　加强筋

　　加强筋是为了增加结合面强度而在两结合体的公共垂直面上增加的一块加强板,并以不封闭的草图线为基础。使用时,需先用草图勾画出开放的与两结合面相交的截面轮廓定义加强筋的形状,或者是多个相交轮廓定义网状加强筋或隔板,再单击特征工具栏中的"筋"按钮 ,确定其具体参数(厚度和拉伸方向)。

1. 厚　度

　　选择类型并输入筋的厚度。厚度类型分为单边和两侧,两侧即对称类型。

2. 拉伸方向

　　拉伸方向分为"平行于草图"和"垂直于草图",当选择"垂直于草图"时需有合适的边界。实训图 6 - 4、实训图 6 - 5 分别是平行基准面与垂直基准面拉伸方向形成的加强筋。

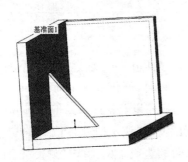

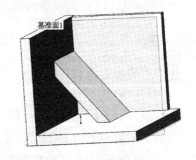

实训图 6 - 4　平行基准面的加强筋　　　　实训图 6 - 5　垂直基准面的加强筋

6.3.3　孔

SolidWorks 中异型孔类型有"柱形沉头孔""锥形沉头孔""孔""直螺纹孔""锥形螺纹孔"和"旧制孔"。单击特征工具栏中的"异型孔"按钮 ，分别选择孔规格和孔位置。

1. 孔规格

孔规格主要分为"孔类型""孔大小"及"终止条件"(见实训图 6-6),需根据具体要求选择合适的规格。

2. 孔位置

孔位置的确定先要选择打孔的面,再确定其具体位置(有时需辅助作图)(见实训图 6-7),光标所到之处会出现预览,单击"确定"按钮完成打孔。

实训图 6-6　设置孔规格

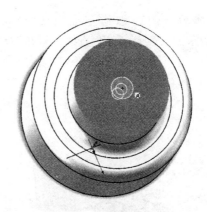

实训图 6-7　孔位置预览

6.4　实训步骤

用 SolidWorks 创建组合体实训步骤如下:

① 启动 SolidWorks,在"新建 SolidWorks 文件"对话框中选择"零件",单击"确定"按钮,再单击"草图绘制"选择"上视基准面"开始绘制。

② 在上视基准面上利用捕捉及镜像功能绘制如实训图 6-8 所示草图,并拉伸不同高度的凸台,如实训图 6-9 所示。

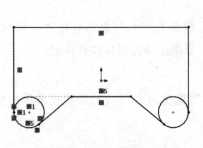

实训图 6-8　绘制草图　　　　　　实训图 6-9　拉伸凸台

③ 在前视基准面上绘制矩形槽口,并贯穿实体切除,形成下方的槽,如实训图 6-10 所示。

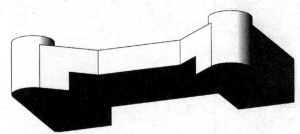

实训图 6-10　生成矩形槽

④ 选择实体后方的面创建基准面 1(见实训图 6-11),并在该基准面上做出如实训图 6-12 所示封闭截面(利用"直线""圆角"及"镜像"功能)。

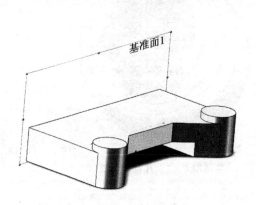

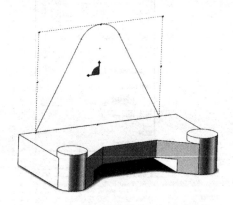

实训图 6-11　创建基准面　　　　实训图 6-12　在基准面上绘制草图

⑤ 拉伸凸台,如实训图 6-13 所示。

⑥ 在基准面 1 上做与上方圆角重合的整圆,向前拉伸,然后在该圆台上打同心沉头孔(选择"异型孔"中的"柱形沉头孔"类型,深度选择"完全贯穿",位置与捕捉到的圆心重合),如实训图 6-14 所示。

⑦ 在右视基准面上用一条与两面相交的线段勾画出筋板外形(见实训图 6-15),再单击"特征"工具栏中的"筋"按钮,自定义厚度,形成筋板,如实训图 6-16 所示。

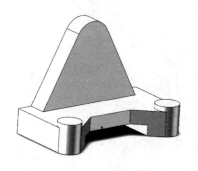

实训图 6 - 13　拉伸凸台

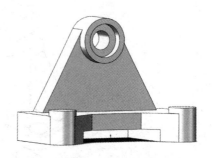

实训图 6 - 14　打同心沉头孔

⑧ 单击"特征"工具栏中的"异型孔"按钮，选择"直螺纹孔"，深度选择"完全贯穿"，位置与捕捉到的圆心重合，依此在两边凸台上各打一孔，如实训图 6 - 17 所示。

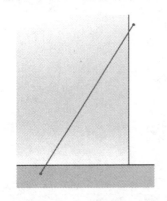

实训图 6 - 15　绘制筋板外形

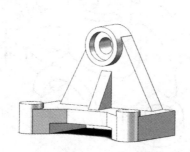

实训图 6 - 16　生成筋板

实训图 6 - 17　生成螺纹孔

⑨ 选择需要添加圆角的边，添加圆角（见实训图 6 - 18），半径酌情选择。

⑩ 将"特征"菜单栏中的"圆角"一项展开，选择"倒角"，选择沉头孔表面的圆添加倒角，组合体完成，如实训图 6 - 19 所示。

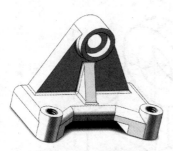

实训图 6 - 18　添加圆角

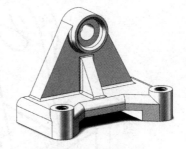

实训图 6 - 19　完成组合体

6.5　课后练习

使用 SolidWorks，完成如实训图 6 - 20、实训图 6 - 21、实训图 6 - 22 所示组合体的三维建模，按照所给尺寸 1∶1 绘制。

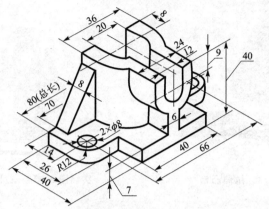

实训图 6-20　组合体(1)

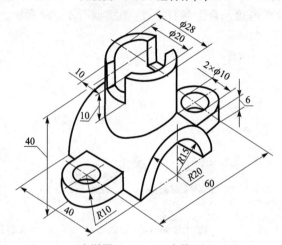

实训图 6-21　组合体(2)

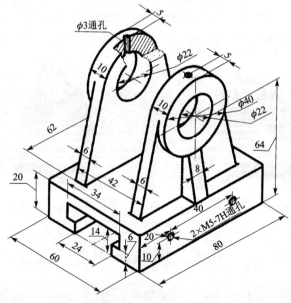

实训图 6-22　组合体(3)

实训 7 SolidWorks 组合体的三维建模(二)

7.1 实训目的

① 绘制组合体,通过实际练习,更加灵活、熟练地使用 SolidWorks。
② 熟悉 SolidWorks"转换实体引用""等距实体""剖面观察"等操作。

7.2 实训内容

绘制如实训图 7-1 所示的组合体,按照所给尺寸 1:1绘制。

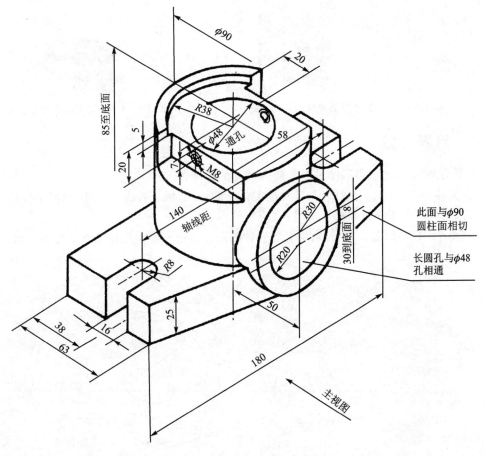

实训图 7-1 组合体

7.3 实训重点和难点指导

7.3.1 转换实体引用

"转换实体引用"是将已有的实体的边线、环、面、曲线、外部草图轮廓线投影进而得到新的草图。使用该命令时,如果引用的实体发生改变,转换的草图实体也会随之改变。

在草图绘制环境下,单击"草图"工具栏中"转换实体引用"按钮 ![icon],选择现有需要转换引用的实体部分(见实训图 7-2),单击确定后,就会在草图中获得该实体的投影线,如实训图 7-3 所示。

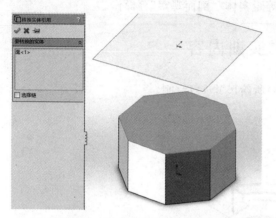

实训图 7-2 选择需要转换的实体

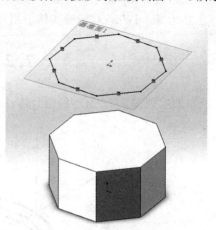

实训图 7-3 获得实体的投影

7.3.2 等距实体

"等距实体"是用于获得一个或多个距离相等的实体。

等距实体操作应用于闭合图形,其功能类似于缩放;应用于直线,其功能类似于移动;应用于曲线,其功能类似于缩放和移动的组合。

实训图 7-4、实训图 7-5 分别是上述三种图形进行进行等距实体操作前后的效果。

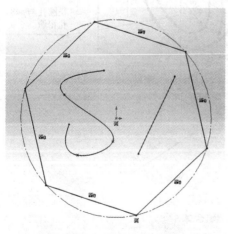

实训图 7-4 进行等距实体操作前

实训图 7-5 进行等距实体操作后

7.3.3 剖面观察

剖面观察可以方便直观地看到组合体内孔和截面的形状,这是三维建模中常用的操作。

单击绘图区上方的"剖面视图"按钮 ,在"剖面视图"工具栏中根据需要设置剖面方向、距离和角度(见实训图 7-6),单击"确定"按钮后,即可显示剖面视图(见实训图 7-7),再次单击"剖面视图"按钮,可恢复为外形视图。

实训图 7-6 剖面视图工具栏

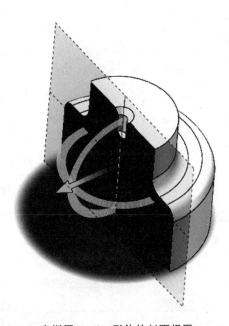

实训图 7-7 形体的剖面视图

7.4 实训步骤

用 SolidWorks 创建组合体实训步骤如下:

① 启动 SolidWorks,在"新建 SolidWorks 文件"对话框中选择"零件",单击"确定"按钮。选择上视基准面,单击右键,单击草图绘制。

② 以原点为圆心,绘制半径为 45 mm 的圆,然后单击"拉伸凸台/基本体",设置拉伸深度为 85 mm(见实训图 7-8)。

③ 继续在上视基准面上新建一个草图,为了更方便地绘制,右击上视基准面或者右击新建的草图,再单击正视于即可得到该草图平面的正视图。在后面的绘制过程中需要用到这个圆,但该圆位于上一个草图中,因此需要使用"转换实体引用",将同样的圆画在这个草图上(见实训图 7-9),单击圆周并确定。

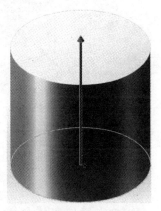

实训图 7-8 生成圆柱

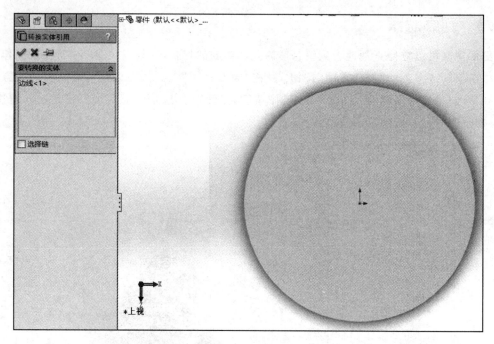

实训图 7-9 转换实体引用

　　④ 在新生成的草图平面上绘制形体的二维草图,由于零件是对称的,可以只画一半(见实训图 7-10),另一半对称画法,简化操作。

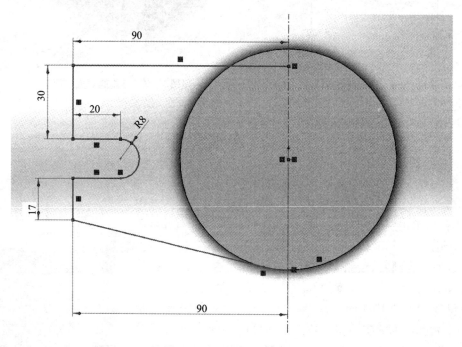

实训图 7-10 绘制草图的一半

　　⑤ 单击镜像实体命令,选择左侧所有线为要镜像的实体,选择中心线为镜像线(见实训图 7-11),单击"确定"按钮。

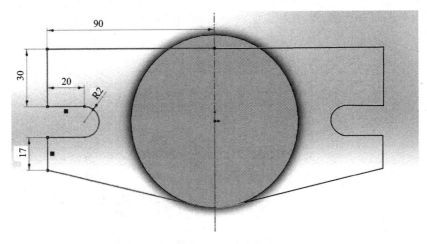

实训图 7 - 11　草图镜像

⑥ 退出草图后拉伸,拉伸深度为 25 mm,生成如实训图 7 - 12 所示的底座。

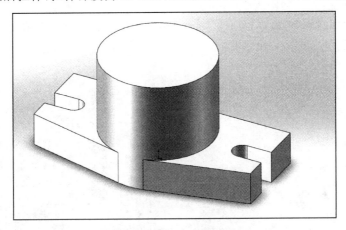

实训图 7 - 12　生成底座

⑦ 选择前视基准面创建草图,绘制两个圆和公切线,并剪裁掉内部多余的线,如实训图 7 - 13 所示。

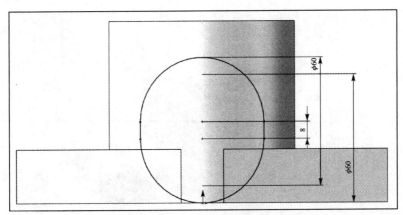

实训图 7 - 13　绘制圆和公切线

⑧ 退出草图,拉伸该形体,拉伸深度为 50 mm,如实训图 7-14 所示。

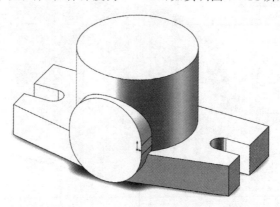

实训图 7-14 拉伸形体

⑨ 选择前视基准面创建草图,选择上一步画好的轮廓转换实体引用,选中转换来的轮廓线,单击等距实体命令,参数改为 10 mm,预览产生的线如果是在轮廓线外侧,则需要单击反向(见实训图 7-15),单击"确定"按钮。将外侧轮廓删除,退出草图后单击"拉伸切除"命令,给定拉伸切除深度为 50 mm,如实训图 7-16 所示。

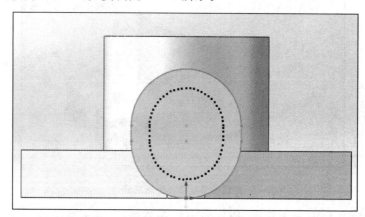

实训图 7-15 生成等距实体

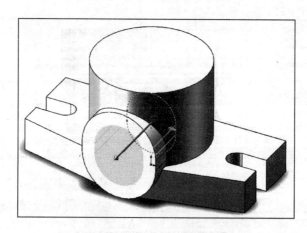

实训图 7-16 横向拉伸切除

⑩ 选择上视基准面创建草图,绘制以原点为圆心、直径为 48 mm 的圆,然后使用拉伸切除,选择完全贯穿(见实训图 7 - 17),单击"确定"按钮,生成纵向的圆孔。

⑪ 在顶面创建草图,画出如实训图 7 - 18 所示的形体,然后使用拉伸切除,深度设置为 5 mm(见实训图 7 - 19),单击"确定"按钮。

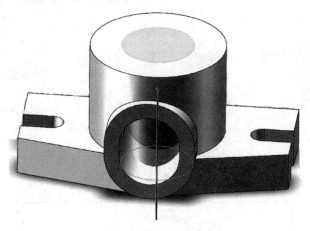

实训图 7 - 17　纵向拉伸切除

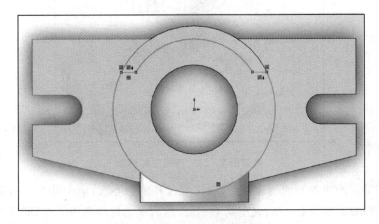

实训图 7 - 18　绘制草图

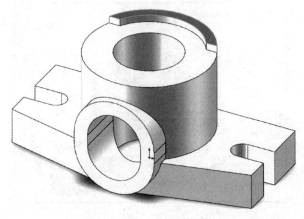

实训图 7 - 19　拉伸切除顶面

⑫ 在切除后的平面创建草图,画出如实训图 7-20 所示的形体,然后使用拉伸切除,深度为 15 mm(见实训图 7-21),单击"确定"按钮。

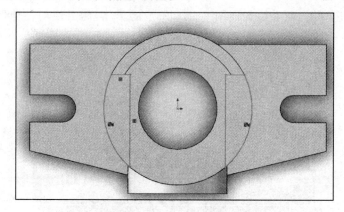

实训图 7-20   绘制对称草图

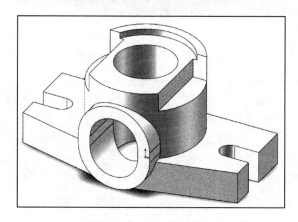

实训图 7-21   两侧拉伸切除

⑬ 选择切除后产生的侧面创建草图,确定螺纹孔的中心点,单击异型孔向导,从上到下依次选择直螺纹孔、GB、螺纹孔 M8、成型到下一面,然后单击螺纹孔中心点,即可生成螺纹孔,如实训图 7-22 所示。

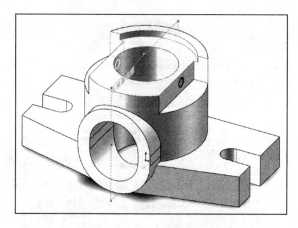

实训图 7-22   生成螺纹孔

⑭ 选择螺纹孔的特征,单击镜像命令,镜像面选择右视基准面,单击"确定"按钮,如实训图 7-23 的组合体就绘制完成了。

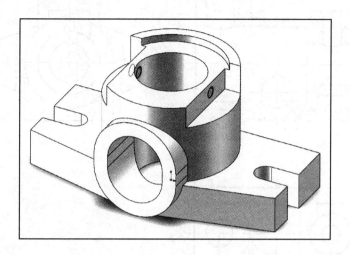

实训图 7-23 完成组合体

7.5 课后练习

使用 SolidWorks,任选实训图 7-24 到实训图 7-28 中的形体,完成三维建模,并观察不同剖切面的视图。尺寸直接从图中量取,并圆整为整数。

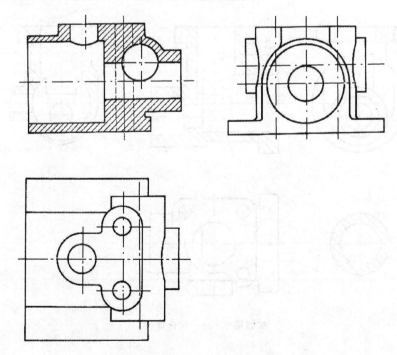

实训图 7-24 组合体(1)

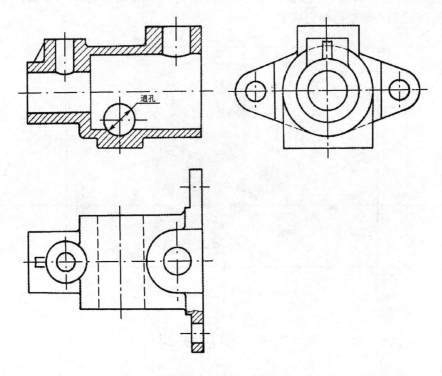

实训图 7－25　组合体(2)

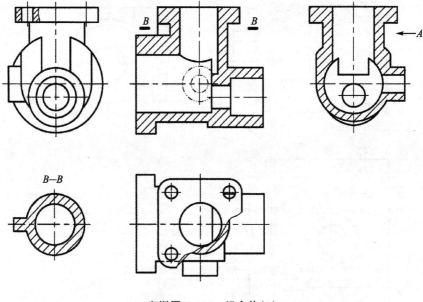

实训图 7－26　组合体(3)

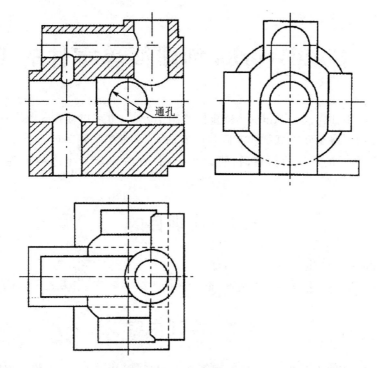

实训图 7 - 27　组合体(4)

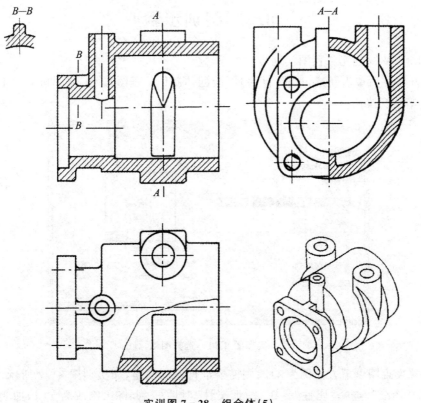

实训图 7 - 28　组合体(5)

实训 8　SolidWorks 创建简单零件的工程图

之前我们学习了如何使用 AutoCAD 直接绘制工程图,也可以使用 SolidWorks 的三维模型生成二维工程图。由于软件规则和实际规则有出入,生成的工程图可能会有错误,比如简化画法、筋不剖、过渡线的规定等。这时,可以再使用 AutoCAD 对生成的工程图进行修改和完善。

8.1　实训目的

① 熟悉 SolidWorks 生成工程图的方法。
② 熟悉 SolidWorks 生成各种剖视图、断面图的方法。

8.2　实训内容

使用实训 7 中创建的组合体,生成工程图文件,并利用 AutoCAD 完善工程图。

8.3　实训步骤

用 SolidWorks 创建工程图实训步骤如下:
① 打开零件后单击新建,选择"从零件、装配体制作工程图"。选择实训图 8-1 所示的 A2 图纸,单击"确定"按钮。

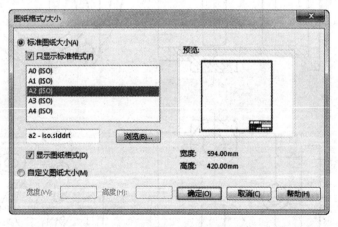

实训图 8-1　选择图纸

② 如果发现图纸下方比例为 1:2,则需要进行比例调整,如实训图 8-2 所示。右击左侧管理器中的"图纸",选择"属性"。在"图纸属性"对话框中,将比例改为 1:1,如实训图 8-3 所示。

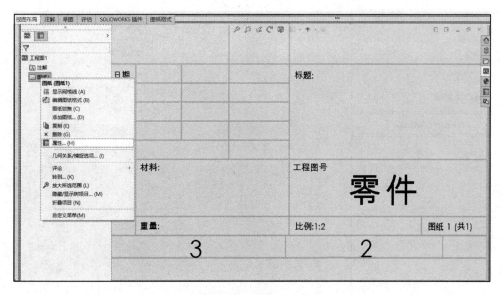

实训图 8-2　查看图纸比例

实训图 8-3　图纸属性对话框

　　③ 单击右侧视图调色板可以看到各种视图,如实训图 8-4 所示。将主视图、左视图和俯视图拖入即可,如实训图 8-5 所示,系统会自动对齐。

　　④ 单击视图布局中的"剖面视图",绘制主视图的全剖视,在左侧对话框中的"切割线"选项中选择水平剖切线,鼠标捕捉到俯视图中心。向上在合适的位置放开鼠标,单击"确定"按钮,出现如实训图 8-6 所示图形。

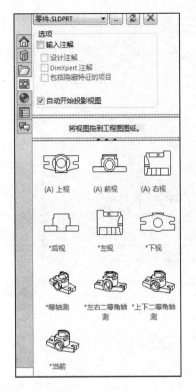

实训图 8-4 视图调色板

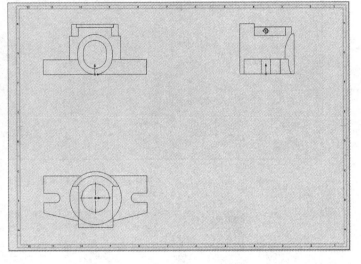

实训图 8-5 插入三视图

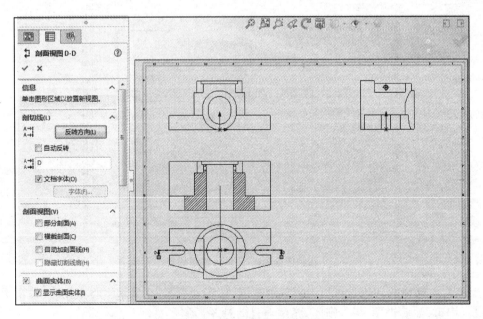

实训图 8-6 绘制主视图全剖视图

⑤ 单击视图布局中的"局部视图",绘制螺纹孔的局部放大图。以螺纹孔的中心为圆心画圆,在空白处单击鼠标,即生成如实训图 8-7 所示的局部视图。在左侧对话框的"比例"选项中调节合适的比例,如实训图 8-8 所示。

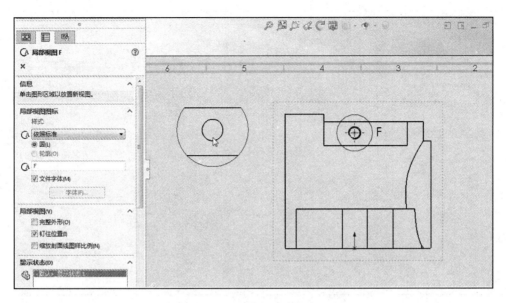

实训图 8 - 7　绘制左视图局部剖视

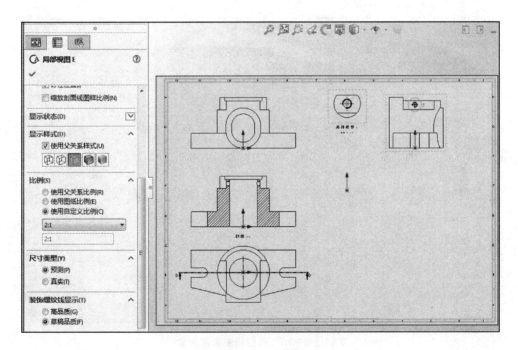

实训图 8 - 8　调整比例

⑥ 单击视图布局中的"剖面视图",切割线选项中选择"辅助视图"选项,即斜向的切割线。在主视图中画出切割线,如实训图 8 - 9 所示。如果生成视图的方向有问题,则单击"反转方向"。由于只需要保留断面,勾选"横截剖面"选项,完成后出现如实训图 8 - 10 所示图形。

⑦ 单击视图布局中的"断开的剖视图",绘制闭合的样条曲线,如实训图 8 - 11 所示。选择合适的深度单击"确定"按钮,出现如实训图 8 - 12 所示图形。

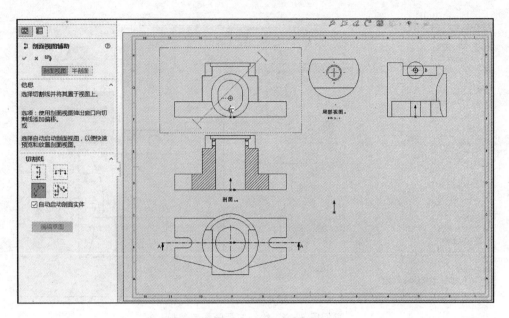

实训图 8-9　建立斜断面图

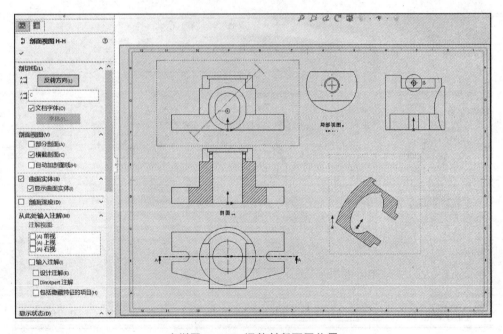

实训图 8-10　调整斜断面图位置

⑧ 单击注释中的中心线命令给零件图添加中心线。先自动生成,然后进行调整,如实训图 8-13 所示。

⑨ 单击注释中的中心符号线命令给零件图添加中心符号线。单击对应位置,插入完成后单击"确定"按钮,出现如实训图 8-14 所示图形。

如实训图 8-15 所示的工程图就生成了。由于软件本身问题,某些线可能有遗漏,需要转到 AutoCAD 中修改,在此不再赘述。

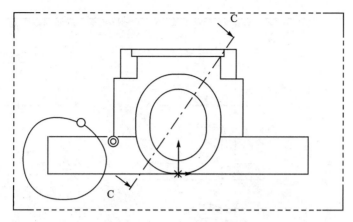

实训图 8 - 11   绘制闭合曲线

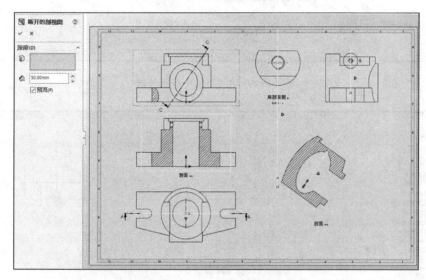

实训图 8 - 12   建立局部剖视图

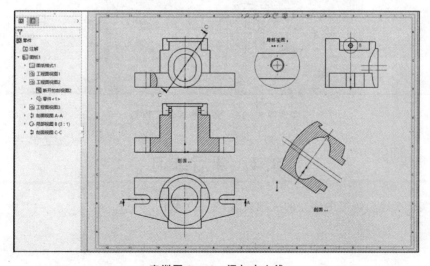

实训图 8 - 13   添加中心线

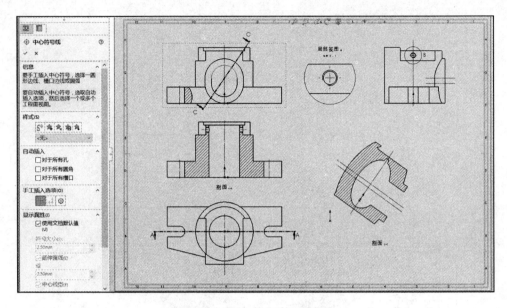

实训图 8 – 14　添加中心符号线

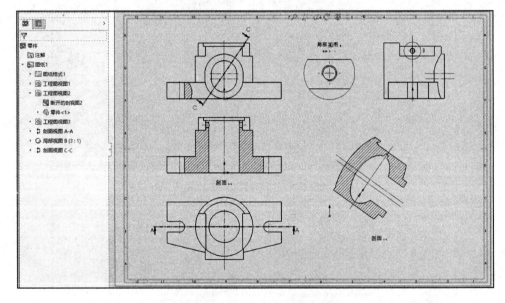

实训图 8 – 15　完成的零件工程图

8.4　课后练习

使用实训 7 课后练习中建立的三维模型,生成工程图。

实训 9　创新设计—冰激淋圣代

9.1　实训目的

① 熟练运用 SolidWorks 各种零件特征命令。
② 运用 SolidWorks 创建放样、扫描特征和空间曲线。
③ 运用 SolidWorks 提供的贴图功能美化零件。

9.2　实训内容

完成如实训图 9-1 所示的冰激淋圣代的设计,并进行美化设计。

实训图 9-1　冰激淋圣代

9.3　实训重、难点指导

9.3.1　放　样

　　"放样"操作可以过渡工作平面或零件面上的两个或多个截面轮廓的形状,从而实现光顺而复杂的几何结构。
　　"放样"操作可以分为基本放样、引导线放样、中心线放样三种形式,本章以基本放样为例。首先创建三个等距基准面,分别在基准面上绘制草图,既可以绘制闭合草图,也可以只绘制一个点。单击特征工具栏中的"放样凸台/基体"按钮 🔻,如实训图 9-2 在左侧的"放样"对话框中,依次单选三个草图,单击确定后,完成如实训图 9-3 的放样操作工序。

在放样过程中,通过改变放样引导线或中心线,可以在放样截面相同的情况下,得到不同的放样结果。

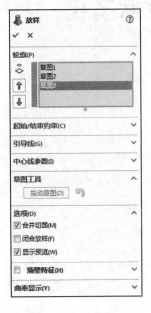

实训图 9-2　放样工具栏

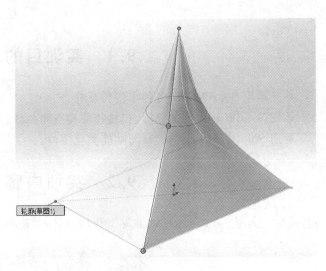

实训图 9-3　完成放样

9.3.2　空间曲线

在之前的练习中,所有草图中的曲线都在同一个二维空间内,但在实际建模中,经常会出现三维空间中的自由曲线,这时就需要使用空间曲线来完成。

在"特征"工具栏中,单击"曲线"按钮,可以看到添加空间曲线的几种方式,如实训图 9-4 所示。比较常用的方式有"通过 XYZ 点的曲线""通过参考点的曲线""螺旋线/涡状线"。

选择"通过 XYZ 点的曲线",即会弹出"曲线文件"窗口,如实训图 9-5 所示。在其中输入曲线经过特征点的坐标,即可创建空间曲线,如实训图 9-6 所示。

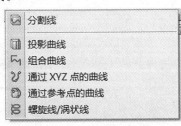

实训图 9-4　曲线选项卡

实训图 9-5　曲线文件

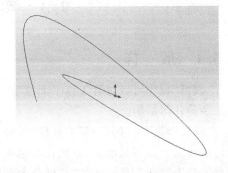

实训图 9-6　使用特征点坐标创建的空间曲线

选择"通过参考点的曲线",点选现有模型中的特征点,即可创建通过这些点的空间曲线,如实训图 9 - 7 所示。

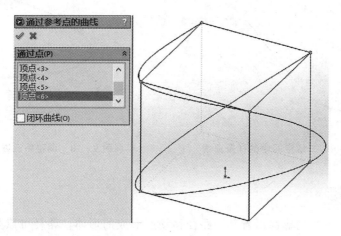

实训图 9 - 7　通过参考点的曲线

选择"螺旋线/涡状线",首先需要在某一个草图上绘制一个圆作为螺旋线/涡状线的基准圆。然后,设置所需的螺距、圈数、起始角度等来完成螺旋线的绘制,如实训图 9 - 8 所示。在定义方式中选择涡状线,可以绘制直径变化的涡状线。

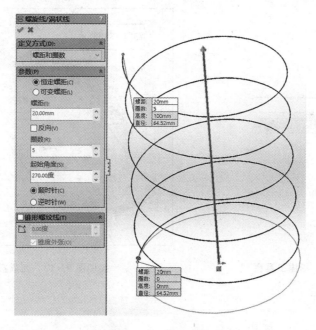

实训图 9 - 8　绘制螺旋线

上面介绍的是绘制具有固定特征参数的空间曲线。当需要绘制比较自由的空间样条曲线时,可以在草图工具栏中,单击"草图绘制"下的"3D 草图"按钮 3D 草图 。在创建的 3D 草图中,首先使用样条曲线工具绘制一条二维空间中的曲线,如实训图 9 - 9 所示。拖动鼠标改变视图方向后,调整样条曲线上的特征点的位置,即可得到三维空间中的样条曲线,如实训图 9 - 10 所示。

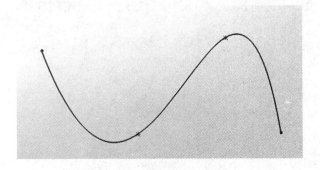

实训图 9-9　二维空间中的样条曲线　　　　实训图 9-10　调整后三维空间中的样条曲线

9.3.3　扫　描

　　"扫描"是指由一个轮廓面沿着某一路径移动所形成的形体。路径可以是封闭或开放的，但不能自相交的直线或曲线，起点必须位于轮廓草图的基准面上。

　　进行"扫描"操作前，首先要在不同的草图中完成扫描轮廓和扫描路径的绘制。然后单击特征工具栏中的"扫描"按钮 🐛，在如实训图 9-11 的扫描工具栏中，分别单选扫描轮廓和扫描路径，单击确定后扫描特征就创建完成了，如实训图 9-12 所示。

实训图 9-11　扫描工具栏

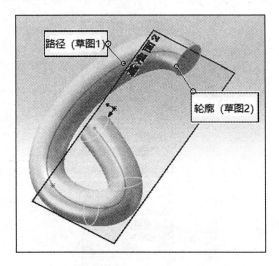

实训图 9-12　完成扫描

9.3.4　贴　图

　　"贴图"操作可以将图片文件粘贴在模型表面，起到美化外观或增加标识的作用。

　　在窗口右侧单击"外观、布景和贴图"按钮 🖻，并单击"贴图"选项，即可打开贴图选项卡，如实训图 9-13 所示。选项卡中给出了几种贴图的掩码模板，将所需的模板拖动到实体表面，需要粘贴完整图片时，在弹出的贴图选项卡中选择"无掩码"。单击"浏览"按钮选择所需图片，并在实体中调整贴图的大小即可，如实训图 9-14 所示。

实训图 9 - 13　贴图选项卡

实训图 9 - 14　完成贴图

9.4　实训步骤

① 启动 SolidWorks,在"新建 SolidWorks 文件"对话框中选择"零件",单击"确定"按钮。

② 作出一条适合的涡状线(上端半径设置为0),在螺旋线底部中心处画出一个五角星,然后沿涡状线进行放样,如实训图 9 - 15 所示。

③ 对放样的结果进行圆周阵列操作,旋转轴为通过螺旋线上端点的铅垂线,可得到冰激淋圣代的的雪顶部分,如实训图 9 - 16 所示。

实训图 9 - 15　延涡状线放样

实训图 9 - 16　雪顶部分

④ 在右视基准面上画出冰激淋筒的截面图形后进行旋转凸台操作,转轴于上一步骤相同,如实训图 9 - 17 所示。

⑤ 以下方圆柱的底圆作为基准圆,分别作出两条沿圆柱向上但方向相反的螺旋线。在两条螺旋线的底端分别作出两个小圆,然后沿螺旋线进行扫描,如实训图 9 - 18 所示。对扫描出的两条楞进行圆周阵列操作,即可得到圆筒上的交叉网纹,如实训图 9 - 19 所示。

实训图 9－17　制作冰激淋筒　　　实训图 9－18　延螺旋线进行扫描　　　实训图 9－19　扫描制作圆筒
上的交叉网纹

⑥ 在右视基准面上创建草图，画出与圆筒上锥台重合的直线，在直线底端画出小圆，沿直线扫描，同样对扫描结果进行圆周阵列操作，即可得到圆筒上的竖直纹线，如实训图 9－20 所示。

⑦ 使用贴图工具，在侧面的圆柱位置贴上"KFC"的标志（见实训图 9－21），冰激淋圣代的制作就完成了。

实训图 9－20　扫描制作竖直纹路　　　　　实训图 9－21　贴上标志

9.5　课后练习

综合运用所学的知识，对生活中常见的物品进行创新设计。

· 150 ·

实训 10　创新设计—高脚杯

10.1　实训目的

① 熟练运用 SolidWorks 各种零件的特征命令。
② 运用 SolidWorks 创建抽壳特征。
③ 运用 SolidWorks 对模型进行渲染操作。

10.2　实训内容

完成如实训图 10-1 所示的高脚杯的设计，并进行美化设计。

实训图 10-1　高脚杯

10.3　实训重、难点指导

10.3.1　抽　壳

"抽壳"操作可以在实体上去除材料，形成具有一定厚度的空腔。

单击特征工具栏中的"抽壳"按钮 （见实训图 10-2），设置壳体的厚度后，选择需要抽壳的平面，单击确定后抽壳特征就创建完成了，如实训图 10-3 所示。

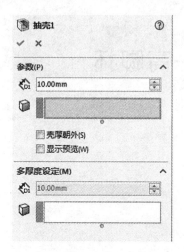

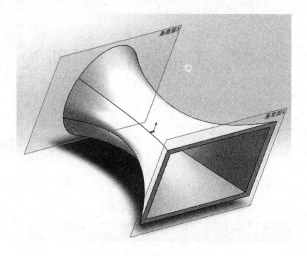

实训图 10 - 2　抽壳工具栏　　　　　　　　**实训图 10 - 3　完成抽壳**

10.3.2　渲　染

完成形体的三维模型后,可以对其外观、光源、布景等进行进一步设置,利用 SolidWorks 中的 PhotoView360 插件可以生成极具真实感的渲染效果图。

在工具栏中选择"SolidWorks 插件",单击其中的"PhotoView360"选项,此时,工具栏中会增加"渲染工具"一栏,如实训图 10 - 4 所示。

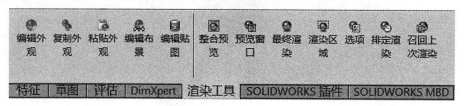

实训图 10 - 4　"渲染工具"栏

1.　布　景

布景是由环绕 SolidWorks 模型的虚拟框或球形组成,并调整大小和位置。单击"渲染工具"栏中的"编辑布景",可以打开"编辑布景"栏,如实训图 10 - 5 所示。

在"背景"选项栏中,可以选定下列多项背景类型:

① 无:将背景设置为白色。

② 颜色:将背景设置为单一颜色。

③ 梯度:将背景设置为由顶部渐变颜色和底部渐变颜色所定义的颜色范围。

④ 图像:将背景设置为选择的图像。

⑤ 使用环境:移除背景,使环境可见。

2.　光　源

SolidWorks 提供了线光源、点光源和聚光源三种光源类型。

在设计树中单击 ● 按钮,展开"DisplayManager",单击其中的 ▦ 按钮,进入"布景、光源与相机"栏。右击"SolidWorks 光源",可以选择添加线光源、点光源或聚光源,如实训图 10 - 6 所示。

实训图 10－5　"编辑布景"栏

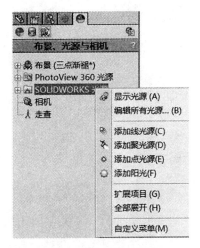

实训图 10－6　SolidWorks 光源

以添加线光源为例：如实训图 10－7、实训图 10－8 在线光源属性管理器中可以对光源的颜色、位置、强度、明暗度、光泽表面在光线照射处显示强光的能力进行设置。

为了达到更好的显示效果，可以添加多个光源来满足设计要求。

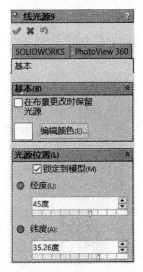

实训图 10－7　调整光源位置

实训图 10－8　调整明暗度

3. 外　观

通过添加不同的外观,可以使模型表面具有某种材料的表面属性。

单击屏幕右侧的 🌐 按钮,打开"外观、布景和贴图"库,库中给出了多种材料的外观可供选择,单击材料名称,可看到该材料的效果图,如实训图 10 - 9 所示。将效果图直接拖入绘图区中的三维模型处,即可应用该材料,在弹出的选项栏中可以选择对面、特征、实体或整个模型应用该外观,如实训图 10 - 10 所示。

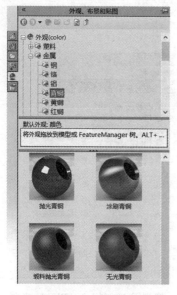

实训图 10 - 9　材料效果预览

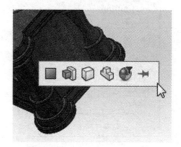

实训图 10 - 10　应用外观

10.4　实训步骤

① 启动 SolidWorks,在"新建 SolidWorks 文件"对话框中选择"零件",单击"确定"按钮。

② 在前视基准面上创建草图,画出如实训图 10 - 11 的玻璃杯的外形曲线,将草图围绕中心轴线进行旋转,形成杯体。

③ 单击杯口平面进行抽壳操作,设置合适的壁厚,如实训图 10 - 12 所示。

实训图 10 - 11　杯体的外形曲线

实训图 10 - 12　对杯体进行抽壳

④ 新建一通过杯体的基准面,创建草图并绘制握柄的截面圆形。新建 3D 草图做出握柄的扫描路径线,执行扫描操作得到一根握柄,如实训图 10 – 13 所示。将握柄关于中心轴线做圆周阵列,得到完整的握把,如实训图 10 – 14 所示。

实训图 10 – 13　扫描得到一根握柄　　　　**实训图 10 – 14　得到完整的握把**

⑤ 与握把相同,画出一根杯座的截面圆形后进行扫描操作,并围绕中心轴线做圆周阵列,得到完整的杯座,如实训图 10 – 15 所示。

⑥ 在杯座末端、杯口倒圆角,设置材料为玻璃,并添加光源,渲染效果如实训图 10 – 16 所示。

实训图 10 – 15　得到完整的杯座　　　　**实训图 10 – 16　高脚杯渲染效果图**

10.5　课后练习

综合运用所学的知识,对生活中常见的物品进行创新设计并进行渲染。

参考文献

［1］张士权.画法几何［M］.北京:北京航空航天大学出版社,1987.

［2］宋子玉.画法几何［M］.北京:北京航空航天大学出版社,1998.

［3］谭建荣,张树有,陆国栋,等.图学基础教程［M］.北京:高等教育出版社,1999.

［4］佟国治.现代工程设计图学［M］.北京:机械工业出版社,2000.

［5］刘静华,唐科,杨民.计算机工程图学实训教程(Inventor 2008 版)［M］.北京:北京航空航天大学出版社,2008.

［6］陈超祥,叶修梓.SoildWorks 零件与装配体教程(2016 版)［M］.北京:机械工业出版社,2016.

［7］赵罘,杨晓晋,刘玥.SolidWorks2014 中文版机械设计从入门到精通［M］.北京:人民邮电出版社,2014.